山西玉米需水量与灌溉制度

张文亮　金建华　孟翀　等　著

中国水利水电出版社
www.waterpub.com.cn
·北京·

内 容 提 要

　　本书对山西省十余年来的玉米灌溉试验成果进行了系统的总结和分析，对玉米节水理论和高效用水模式进行了剖析。本书的主要内容共有 8 章，第一章主要介绍了山西省自然地理、气候、水资源和玉米种植概况，第二章对历年玉米灌溉试验情况进行了描述，第三、第四章对玉米需水量试验结果进行了分析和计算，第五章计算了山西省各地区充分供水条件下的玉米灌溉制度，第六章描述了玉米水分生产函数，第七章介绍了非充分供水条件下的玉米灌溉制度，第八章对玉米的水分生产率进行了分析。

　　本书可供灌溉用水管理和灌溉工程规划设计和管理等相关专业的技术人员提供参考。

图书在版编目（CIP）数据

　　山西玉米需水量与灌溉制度 / 张文亮等著. -- 北京：
中国水利水电出版社，2018.6
　　ISBN 978-7-5170-5938-7

　　Ⅰ．①山… Ⅱ．①张… Ⅲ．①玉米－作物需水量－研究－山西②玉米－灌溉制度－研究－山西 Ⅳ.
①S513.071

　　中国版本图书馆CIP数据核字(2018)第129898号

书　　名	**山西玉米需水量与灌溉制度** SHANXI YUMI XUSHUILIANG YU GUANGAI ZHIDU
作　　者	张文亮　金建华　孟翀　等　著
出版发行	中国水利水电出版社 （北京市海淀区玉渊潭南路 1 号 D 座　100038） 网址：www.waterpub.com.cn E - mail：sales@waterpub.com.cn 电话：(010) 68367658（营销中心）
经　　售	北京科水图书销售中心（零售） 电话：(010) 88383994、63202643、68545874 全国各地新华书店和相关出版物销售网点
排　　版	中国水利水电出版社微机排版中心
印　　刷	天津嘉恒印务有限公司
规　　格	170mm×240mm　16 开本　9.75 印张　191 千字
版　　次	2018 年 6 月第 1 版　2018 年 6 月第 1 次印刷
印　　数	0001—1000 册
定　　价	**39.00 元**

凡购买我社图书，如有缺页、倒页、脱页的，本社营销中心负责调换

版权所有·侵权必究

本书作者及审稿人员名单

撰　稿：张文亮　　金建华　　孟　翀　　李金玉　　冯锦萍

　　　　赵　峰　　弓丽丽　　贾春芳　　魏建春

统　稿：王仰仁

审　稿：康绍忠

前　言

山西省进行了多年的玉米灌溉试验，为玉米灌溉用水管理、玉米节水灌溉理论和高效用水模式研究积累了大量的宝贵资料，为了将这些成果系统化、科学化、理论化，更好地推广应用并指导实践，进一步丰富我国的农田灌溉技术理论，为玉米合理灌溉提供可靠依据，为节水灌溉提供理论基础，为实施农业灌溉的"总量控制，定额管理"提供科学依据，我们对近十多年来的玉米灌溉试验研究成果进行了系统分析整理，撰写了该书。

本书以向生产部门提供实用技术参考为主要目标，在注重系统性、理论性的同时，尽量多地列举了试验观测数据及其分析结果，并对现代新型灌溉技术和理论及其应用进行了较为系统的介绍，提出了一些具有学术价值和生产实用价值的模型、方法和参数。本书中包含的主要内容有：山西省的自然地理、气候、水资源和玉米种植概况，历年玉米灌溉试验情况，玉米需水规律、玉米生育期内土壤水分动态变化规律、耗水量对玉米产量的影响分析，各地区充分供水和非充分供水条件下的玉米灌溉制度，玉米的水分生产率等。

本书主要撰写人员有山西省水利厅张文亮（主要撰写第一章、第二章和第六章）、天津农学院水利工程学院金建华（主要撰写第四章、第五章和第七章）、山西省中心灌溉试验站孟翀（主要撰写第三章和第八章），另外，李金玉（山西省中心灌溉试验站）、冯锦萍（山西省农田节水技术开发服务推广站）、赵峰（长治市黎城县漳北渠灌区灌溉试验站）、弓丽丽（吕梁市文峪河灌区灌溉试验站）、贾春芳（山西省汾河二库管理局）、魏建春（晋中市潇河灌区灌溉试验站）、姚二礼（忻州市原平市阳武河灌区灌溉试验站）、陈国相（朔州市镇子梁灌区灌溉试验站）和南振明（运城市鼓水泉灌区灌溉试验站）也参与了部分工作。

　　全书由天津农学院王仰仁教授统稿，由中国农业大学教授、中国工程院康绍忠院士审阅。本书的出版得到了山西省水利厅白小丹、张建中和武福玉等厅领导的大力支持，山西省水利厅农村水利处朱佳、郭天恩等历任处领导给予了精心指导。借此对给予灌溉试验工作支持的所有领导，以及工作在灌溉试验基层一线的同志，一并表示最衷心的感谢。

　　书中不妥之处，敬请广大读者批评指正。

作者

2017 年 4 月

目　录

第一章 基 本 情 况

第一节 自 然 地 理 概 况

一、自然地理概况

山西省疆域轮廓呈东北斜向西南的平行四边形，是典型的被黄土广泛覆盖的山地高原，地势东北高西南低。高原内部起伏不平，河谷纵横，地貌类型复杂多样，有山地、丘陵、台地、平原，山多川少，山地、丘陵面积占全省总面积的80.1%，平川、河谷面积占总面积的19.9%。全省大部分地区海拔在1500m以上，最高点为五台山主峰叶斗峰，海拔3061.1m，为华北最高峰。

全省纵长约682km，东西宽约385km，总面积15.67万km²，占全国总面积的1.6%。2012年年末，全省常住人口为3610.83万人。资源是制约一个地区社会经济发展的重要因素之一，山西省矿产资源丰富，已发现的矿种达120种，其中，查明资源储量的有70种，保有资源储量居全国前10位的有36种。

二、山西省主要气候资源基本特征

山西省地形多样，高差悬殊，因而既有纬度地带性气候，又有明显的垂直变化。山西省地处中纬度，因山脉屏障，夏季风影响不大，属于中温带半干旱、暖湿带亚湿润气候区。全省太阳年辐射总量在4900~6000MJ/m²，日照时数为2088.0~2977.5h，日照百分率为47%~67%。全省年平均气温为3.9~14.0℃，气温地区分布总趋向是自南向北、自平川向山地递减。全省年降水量介于362.4~606.5mm，呈现山西省自东南向西北递减的趋势。全省云量偏少，日照充足，光、热资源较丰富，大部分地区水资源不足。

三、山西省主要气候资源分析

1. 日照时数

山西省玉米生育期内日照时数在623.3~1496.5h，其分布趋势呈盆地少于山区，南部少于北部。大同为1041.8~1496.5h，而南部地区的运城和临汾分别为623.7~1080.4h和623.3~1013.5h。

2. 气温

山西全省玉米生育期内的平均气温绝大部分地区介于19~25.1℃，总的分布趋势呈由北向南升高，由盆地向高山降低。大同地区的温度最低为19℃，运城平均温度最高为25.1℃。

3. 积温

作物要完成全部生育期，需要一定的热量积累。一地的热量状况，一般都用活动积温来表示，即稳定高于某个农业界限温度持续期内逐日平均气温的总和，简称为积温。山西省日平均气温不小于0℃初日由南向北逐渐推迟。日平均气温不小于0℃的持续天数则由南向北递减。日平均气温不小于10℃的持续天数也由南向北递减。积温的分布，受地理纬度、地形地势等的影响很明显，基本上是由南向北递减。

4. 降水量

玉米生育期内的降水量分布介于108.8～725.6mm，6—8月降水高度集中且多暴雨，降水量约占全生育期的80%左右。

现将全省玉米生育期内的降水量、日照、积温、平均温度按行政分区汇总于表1-1。

表1-1 山西省各地区玉米生育期内的降水量、日照、积温、平均温度

地区	降水量/mm	日照/h	平均温度/℃	积温/℃
大同	115.3～519.1	1041.8～1496.5	19.0	765.3～1328.4
太原	152.6～793.8	894.0～1347.8	20.9	1049.6～1514.5
忻州	108.8～705.8	868.1～1439.0	20.5	980.9～1499.3
吕梁	18.1～666.9	959.1～1286.3	20.5	972.4～1205.9
临汾	185.7～650.2	623.3～1013.5	23.9	1136.2～1509.6
运城	157.5～549.9	623.7～1080.4	25.1	1250.4～1677.4
长治	199.8～725.6	842.4～1192.3	20.1	965.2～1226.3

第二节 水 资 源 特 点

山西省地处黄土高原，水资源严重缺乏，降水量的偏少又是形成干旱的主要因素，干旱制约着山西省农业生产的发展。

一、山西省水资源的特点

1. 水资源总量贫乏，人均占有量低

全省多年平均降水量为508.8mm，比全国多年平均降水量为628mm少18.9%。全省水资源总量为$92.5 \times 10^8 m^3$，仅占全国水资源总量的15%，占世界水资源总量的4.5%。全省人均占有水量为277.4m³（2004年），是全国平均水平的14.9%。山西省的水资源总量、人均、单位面积拥有量远低于全国和世界平均水平，属于资源型缺水地区（谢胜波，2008）。

另外，由于人口的增长和水资源量的衰减，20年来山西省的人均水资源占

有量减少了 33.63%，水资源严重短缺更加严重，形势更趋严峻。

2. 水资源时空分布不均

受季风气候的影响，山西省水资源年内分配极不均匀。汛期降水量占年降水量的百分比，省内大部分地区介于 60%~80%，河川径流全年 70% 左右的来水量集中在 7—9 三个月，且年际年内动态变化大，丰枯悬殊，且出现全省性丰枯同频，给省内各地域间水资源的再分配和开发利用带来极大困难。

水资源在空间上分配不均匀，可被利用的水资源多分布在东西两侧的山地，东部山区和东南部地区水资源相对丰富，约占全省的 42%，西北部山地高原区只占 12%，人口密集、工农业集中、需水量大的中部地区只占 36.6%，供需矛盾尖锐。水资源量与人口、耕地不相适应，给工、农业生产及人民生活带来很大不便，也给水资源合理开发利用带来较大困难。

3. 水土流失严重，河流含沙量大

山西省地处黄土高原，地形起伏大，水系发育，多暴雨，森林植被条件差，地表侵蚀严重。2000 年，山西省水土流失面积达 $10.85 \times 10^4 \text{km}^2$，占全省面积的 69%。全省多年平均悬移质输沙量为 $2.95 \times 10^8 \text{t}$，折合多年平均含沙量为 42kg/m^3；多年平均侵蚀模数为 1890t/km^2。河流泥沙多，使水利工程难以充分发挥调蓄和控制作用，缩短其使用年限，许多河流比降较大，水流湍急，属于季节性河流，与农业灌溉时节不相适应，黄土地表沟壑纵横，落差大，形成的径流也极易白白流走，不易被农作物利用。

4. "三水"转化强烈，岩溶泉水集中出露

特殊的水文下垫面条件，使降雨、地表径流和地下水三者转化频繁并且复杂，是山西省水资源的又一特点。降水产生河川径流亦入渗补给地下水（特别是岩溶山区），地下水以泉的形式出露，又补给河川径流，河川径流又在一定的水文地质条件下渗漏补给地下水。由于泉水的集中出露和泉水与降雨的滞后关系，使河川径流水文情势转为有利于水资源开发和利用（穆仲平，2006）。

二、水资源开发利用概况

长期以来，山西省部分地区，尤其是山区交通不便的地区，存在着水资源量少，生态脆弱，开发成本高，吃水困难和日常饮用水不能达标的威胁。经过多年的供水安全工程建设，有效解决了 1500 多万人的饮用水安全问题，完善了灌溉区域水利建设，改善了区域生态环境，增加了有效农田灌溉，水利工程建设，减轻了雨季洪水的危害，降低了山洪等自然灾害的发生率。

21 世纪前十年，山西省水资源开发利用效率已经超过 50%，远远高于 40% 高开发利用的标准，地表水开发利用效率已经超过了 40%，主要河流的利用率都已经很高，不少流域水资源开发已经达到极限，仅有部分小流域还有开发前景，但潜力有限。全省的盆地区域，由于工农业和人口的聚集，地下水资源的开

发利用规模在不断扩大，开采强度早已超过了全国平均水平，超采地下水已经成为常态，而且朝加剧的方向发展。部分地、市、县工业企业高耗水产业发展对地下水资源严重超采，破坏了隔水层，形成了地下水降落漏斗，并有加剧的趋势，造成对地下水资源的根本性破坏，致使地面沉降严重，部分河湖断流或干涸，造成人类活动与资源环境的矛盾越来越紧张。

水利工程建设关乎山西省经济和社会发展的全局，中华人民共和国成立后，省内农田水利建设比过去有了非常大的发展，水库建设取得了丰硕成果，现有水库 736 座，主要有汾河水库、漳泽水库、册田水库、后湾水库和文峪河水库等，总水资源可利用量达到了 53 亿 m^3，配套了灌区的水利机械设备，对已建成的库区进行维护改造，部分地区坡地改梯田，并花大力气治理了水土流失和生态环境。对水资源开发和利用的规划必须依据山西省水资源利用发展实际，山西省水利管理部门对水资源的进行了总量的规划管理，因地制宜的安排了水利工程和建设，其中近些年进行了万家寨水利枢纽工程，总投资 60.5 亿元，将黄河水引到缺水的山西省内陆城市中来，该工程建在山西省偏关县黄河口处，由水利枢纽工程、干线和连接段构成，总长度 452km，预期每年从黄河调水 12 亿 m^3，向太原每年调水 3 亿多 m^3，圆满实现了对城市的持续供应水的任务，向大同、朔州等地调水近 6 亿 m^3。大大缓解了过境各地市区水资源短缺的矛盾，为当地经济社会发展注入了动力，并适时在沿途建设水利发电站，在输水的过程中实现了发电，增加了经济效益，节省了总投资费用。

在水资源利用节水技术方面，整体水平不高，部分供水设备年久失修，维护和保养成本高，工业废水重复利用率水平低，工业生产资源投入高，产出率相对较低，废水处理设备投资比例小，处理能力弱。不同水务管理机构协调能力差，不能及时有效统一管理，水资源合理使用监管还存在不少问题。

在农业节水灌溉方面，采取了讲究实际效益、加强管理的措施，实施了农业节水增效工程，在灌溉率、节水量、粮食产量等方面取得了显著的效果，增加了农田实际灌溉面积，节约了水资源，增加了农民收入，减少了生产性支出，提高了农业整体收益，见表 1-3。

根据各地区的农业水土条件，调整优化了作物种植结构，提高了农业产出和收入。部分耕地由传统的玉米、高粱等高耗水作物种类转变为经济效益好的经济作物等，比如苜蓿、杂交谷子，经营养殖畜牧业等。增加了农业水利基本建设，实施节水工程，降低了地下水的过量使用，增加了农业的综合经济效益。部分县市采用了先进的水资源利用技术和设施，培养和种植良种，合理田间施肥浇水。管理上实行了责任制，统一管理水利建设和规划。

2009 年，山西省全年水资源总量达到 85.76 亿 t，其中地表水量 47.67 亿 t，地下水量 76.15 亿 t，年降水量为 779.38 亿 t。实际用水总量为 55.87 亿 t，按用途分类，其中农田灌溉 31.75 亿 t，工业生产用水 10.53 亿 t，城镇生活 7.33 亿 t，农村用水 3.18 亿 t，林牧渔业用水 3.08 亿 t，分别占总用水量的 56.8%、18.8%、13.1%、5.7%和 5.5%。

如表 1-2 所列，近年来山西省地下水开发情况不容乐观，尤其是近些年，随着城市化和工业化的发展，资源开发规模扩大，超采地下水已经成为普遍情况。地下水的过度开发利用，造成地表水源干涸和枯竭，天然水循环的补给不足，加剧了水资源短缺的矛盾和问题，生态环境受到极大的影响。山西十年九旱，属于干旱半干旱气候，平常年份缺水严重。耕地面积中以旱地为主，黄土高原上森林植被覆盖率低，水土容易流失，气候干燥，蒸发剧烈。以山地地形特点为主，坡地面积广，水土流失严重，难以广泛推广机械化农业生产，小农农业经济模式仍占主导地位，农业投入人力多，资金投入比例少，技术含量不高，农业产出效益较低。从 20 世纪 70—80 年代开始，总水资源量大致每 10 年下降 10%，人均水资源量下降严重，相应每亩水资源量也跟着下降。能源重化工基地产业规模的扩大和产出能力的加强，对地下水的依赖越来越严重。地下水开发利用的规模越来越大，导致地下水位不断下降，地面沉降，农业干旱加剧，地下水利用工程量增加，部分现有取水供水设施报废，农业和工业总成本投入上升。万亩以上灌溉区情况见表 1-3。

表 1-2　　　　　　　　山西省 2012 年地下水开发利用情况　　　　　　单位：万 m³

地区	2012 年地下水开采总量	农业灌溉用水				工业及城镇用水	人畜用水
		农业灌溉用水总量	纯井灌	万亩灌区中井灌	机电灌站中井灌		
山西	340950	183852	108889	56715	18248	121787	35311
黄河流域	218472	112195	63295	33931	14969	81782	24495
海河流域	122478	71657	45594	22784	3279	40005	10816
太原市	34509	6131	3063	2297	771	25092	3286
大同市	35468	18635	13987	3119	1529	14185	2648
阳泉市	4354	1280	879	92	309	2082	992
长治市	25065	8397	7564	560	273	13583	3085
晋城市	23371	4273	3223		1050	15555	3543
朔州市	28327	21526	16168	5306	52	5315	1486
晋中市	42741	28362	13313	13369	1680	9475	4904
运城市	67547	46578	34332	3278	8968	14803	6166
忻州市	24450	20568	6256	13410	902	2757	1125
临汾市	30472	17025	8372	6663	1990	8895	4552
吕梁市	24646	11077	1732	8621	724	10045	3524

表 1 - 3　　　　　　　　　　　山西省万亩以上灌溉区　　　　　　　　　　　单位：万亩

地区	合　计		50 万亩以上灌区		30 万~50 万亩灌区		5 万~30 万亩灌区		1 万~5 万亩灌区	
	处数	有效灌溉面积	处数	有效灌溉面积	处数	有效灌溉面积	处数	有效灌溉面积	处数	有效灌溉面积
山西	188	764.86	6	262.16	8	123.97	45	220.20	129	158.35
黄河流域	98	536.46	6	262.16	4	52.20	19	75.13	69	146.97
海河流域	90	228.40			4	71.77	26	145.25	60	11.38
太原市	10	18.22					1	6.79	9	11.25
大同市	24	50.50			1	10.05	5	18.65	18	21.80
阳泉市	1	1.33							1	1.33
长治市	16	30.66					4	20.34	12	10.32
晋城市	10	7.76							10	7.76
朔州市	15	60.30			1	18.20	6	27.80	8	14.30
晋中市	8	59.80			1	22.16	5	36.35	2	1.29
运城市	34	197.62	2	80.65	3	52.20	6	24.57	23	40.20
忻州市	30	88.25			1	21.36	8	44.43	21	22.46
临汾市	25	91.75	1	33.33			7	35.44	17	22.98
吕梁市	10	42.41	1	33.09			3	5.83	6	3.49
厅直单位	5	116.26	2	115.09	1				2	1.17

三、水资源开发利用现状及存在的问题

1. 水资源开发利用过度

中华人民共和国成立以来，山西省水利建设取得了巨大成就，修建了大、中、小型的水库，机电灌溉站，地下水开采井。全省地表水资源平均开发程度为 65%，远高于 20%~40% 的国际标准，已超负荷利用。80% 的河流断流，减弱了河道的纳污自净能力；地下水超采，使水位下降，形成大面积降落漏斗，引起一系列环境问题。对水资源的掠夺式开发，使山西省水资源短缺进一步加剧。

2. 水资源开发利用中存在的问题

山西省是我国重要的煤炭能源基地，煤炭对山西省的经济做出了巨大贡献，但也严重破坏了水资源。据调查，开采 1t 煤平均要排漏水 0.88m³，使地下水位下降，动态平衡破坏，地表塌陷，泉水减少，同时还污染河道，使水资源和生态环境受到破坏。造成矿区附近 70×10⁴ 人水困难。

3. 水质污染严重，水环境进一步恶化

山西省工业以煤电和冶金为主，高能耗高水耗，改革开放以来，废水排放量

逐年增加，目前处理能力还不到一半，致使大部分河流、水库和地下水被污染。全省 25 处重点河段有 19 处水质为超 V 类水；超 V 类水质水库已占到 20%；地下水水质符合 I、II、III 类标准的分布面积仅占 40%。

4. 水资源利用效率低

山西省农业灌溉水利用率目前仅为 0.45 左右，按正常要求 0.75 的水利用率约浪费水量 30%。工业万元产值取水量是发达国家的 5～10 倍。工业用水重复利用率仅为 0～30%，而发达国家为 75%～85%。城市自来水管网漏失率达 30%～40%，比国家要求高 15%～20%。可见山西省水资源利用效率低，节水潜力还很大。

第三节　玉米种植分布与种植制度情况

一、全国玉米种植基本情况

玉米属于禾本科玉米属，学名玉蜀黍，俗称棒子、玉茭、苞米，起源于美洲大陆。哥伦布发现新大陆后，把玉米带到了西班牙，随着世界航海业的发展，玉米逐渐传到了世界各地，并成为最重要的粮食作物之一。

我国玉米种植面积和总产量仅次于美国，居世界第二位。玉米在我国分布很广，南自北纬 18°的海南岛，北至北纬 53°的黑龙江省的黑河以北，东起台湾和沿海省份，西到新疆及青藏高原，都有一定面积。玉米在我国各地区的分布并不均衡，主要集中在东北、华北和西南地区，大致形成一个从东北到西南的斜长形玉米栽培带。种植面积最大的省份是山东、吉林、河北、黑龙江、辽宁、河南、四川 7 省。

我国幅员辽阔，玉米种植形式多样。东北、华北北部有春玉米，黄淮海有夏玉米，长江流域有秋玉米，在海南及广西可以播种冬玉米，海南因而成为我国重要的南繁基地。但最重要的种植形式还是春、夏玉米。

春玉米主要分布在黑龙江、吉林、辽宁、内蒙古、宁夏全部玉米种植区。河北、陕西两省的北部、山西省大部和甘肃省的部分地区。西南诸省的高山地区，及西北地区。其共同特点是由于纬度及海拔高度的原因，积温不足，难以实行多熟种植，以一年一熟春玉米为主。相对于夏播区，大部分春播区玉米生长期更长，单产水平也更高。

夏玉米主要集中在黄淮海地区，包括河南全省、山东全省、河北省的中南部、陕西省中部、山西省南部、江苏省北部、安徽省北部，西南地区也有部分面积。

我国玉米种植划分为 6 个区，为北方春播玉米区、黄淮海夏播玉米区、西南山地玉米区、南方丘陵玉米区、西北灌溉玉米区、青藏高原玉米区。

二、山西玉米种植情况

(一) 玉米种植分布情况

山西地跨两个区,北中部和东南部属于北方春播玉米区,中南部属于黄淮海夏播玉米区。玉米在山西省常年种植面积近 $1.48 \times 10^6 hm^2$,占全省粮食作物播种面积的 $25\% \sim 30\%$,总产量为 $7.97 \times 10^6 t$,是50年来山西省发展最快的农作物之一(樊智翔,2003)。山西省各行政区玉米种植情况见表1-4和图1-1,运城市的播种面积最大占全省播种面积的 14.6%,其次是忻州市占 13.7%,太原市和阳泉市的播种面积最少只占到 3.0% 和 2.7%。总产量最高的地区是运城和晋中市分别为 $1.47 \times 10^6 t$ 和 $1.38 \times 10^6 t$。

表1-4　　　　　　　　山西省各行政区玉米种植情况

地区	播种面积 /hm²	总产量 /t	每公顷产量 /(kg/hm²)	播种面积占总面的 百分比/%
太原市	51762	263239	5086	3.0
小店区	9108	65973	7244	0.5
迎泽区	131	161	1231	0
杏花岭区	331	347	1051	0
尖草坪区	3819	11703	3064	0.2
万柏林区	597	248	415	0
晋源区	2831	17736	6265	0.2
清徐县	16879	105904	6274	1.0
阳曲县	15963	56175	3519	0.9
娄烦县	1224	3332	2723	0.1
古交市	879	1660	1888	0.1
大同市	158710	662378	4174	9.2
南郊市	11071	48295	4363	0.6
新荣区	3964	14005	3533	0.2
阳高县	35456	159870	4509	2.0
天镇县	25405	105322	4146	1.5
广灵县	16269	100578	6182	0.9
灵丘县	16895	41887	2479	1.0
浑源区	22964	107529	4682	1.3
左云县	1601	6142	3837	0.1
大同县	25085	78750	3139	1.4

续表

地区	播种面积 /hm²	总产量 /t	每公顷产量 /(kg/hm²)	播种面积占总面的 百分比/%
阳泉市	46654	190924	4092	2.7
郊区	5778	13682	2368	0.3
平定县	19413	71847	3701	1.1
盂县	21463	105395	4911	1.2
长治市	195507	1248901	6388	11.3
城区	323	1835	5691	0
郊区	8397	53910	6421	0.5
长治县	17709	114871	6487	1.0
襄垣县	25298	140950	5572	1.5
屯留县	28986	204911	7069	1.7
平顺县	6738	39847	5914	0.4
黎城县	9478	46913	4950	0.5
壶关县	14799	103363	6984	0.9
长子县	27127	202977	7482	1.6
武乡县	15943	63552	3986	0.9
沁县	17366	120748	6953	1.0
沁源县	8568	53913	6292	0.5
潞城市	14775	101111	6843	0.9
晋城市	84475	531101	6287	4.9
城区	474	2564	5408	0
沁水县	16111	90973	5647	0.9
阳城县	21441	110275	5143	1.2
陵川县	17358	102804	5923	1.0
泽州县	6178	51052	8264	0.4
高平市	22913	173433	7569	1.3
朔州市	143008	726497	5080	8.2
朔城区	39986	230699	5769	2.3
平鲁区	1830	4437	2425	0.1
山阴县	33442	156833	4690	1.9
应县	32116	205620	6402	1.9
右玉县	4837	9448	1953	0.3
怀仁县	30797	119460	3879	1.8

续表

地区	播种面积 /hm²	总产量 /t	每公顷产量 /(kg/hm²)	播种面积占总面的 百分比/%
晋中市	209733	1382080	6590	12.1
榆次区	29551	171371	5799	1.7
榆社县	11442	40496	3539	0.7
左权县	8234	34938	4243	0.5
和顺县	7668	48946	6384	0.4
昔阳县	19623	109901	5601	1.1
寿阳县	39167	283918	7249	2.3
太谷县	17496	173357	9908	1.0
祁县	18369	186774	10168	1.1
平遥县	33634	210446	6257	1.9
灵石县	9985	37978	3804	0.6
介休县	14564	83954	5765	0.8
运城市	253602	1468330	5790	14.6
盐湖区	26593	127607	4799	1.5
临猗县	19968	138483	6935	1.2
万荣县	17377	64584	3717	1.0
闻喜县	19378	103576	5345	1.1
稷山县	18686	116015	6209	1.1
新绛县	19736	114520	5803	1.1
绛县	16360	90356	5523	0.9
垣曲县	7643	24949	3264	0.4
夏县	21193	125934	5942	1.2
平陆县	10364	45506	4391	0.6
芮城县	25248	176424	6988	1.5
永济市	36906	244235	6618	2.1
河津市	14150	96140	6795	0.8
忻州市	237987	1162828	4886	13.7
忻府区	47786	280207	5864	2.8
定襄县	20780	159738	7687	1.2
五台县	18992	71778	3779	1.1
代县	16715	60262	3605	1.0

续表

地区	播种面积 /hm²	总产量 /t	每公顷产量 /(kg/hm²)	播种面积占总面的 百分比/%
繁峙县	22829	59117	2590	1.3
宁武县	1434	6021	4200	0.1
静乐县	2253	7848	3483	0.1
神池县	12901	65992	5115	0.7
五寨县	20763	110170	5306	1.2
岢岚县	3973	10494	2641	0.2
河曲县	7100	21910	3086	0.4
保德县	7394	12812	1733	0.4
偏关县	7585	17284	2279	0.4
原平县	47482	279197	5880	2.7
临汾市	199491	1078474	5406	11.5
尧都区	20011	117412	5867	1.2
曲沃县	12986	96853	7458	0.7
翼城县	13823	77653	5618	0.8
襄汾县	29793	183372	6155	1.7
洪洞县	26118	170824	6540	1.5
古县	5860	31624	5397	0.3
安泽县	18658	91625	4911	1.1
浮山县	5999	38452	6410	0.3
吉县	6061	30841	5089	0.3
乡宁县	6721	25607	3810	0.4
大宁县	4791	20857	4354	0.3
隰县	15391	39107	2541	0.9
永和县	8135	24605	3025	0.5
蒲县	7686	38925	5064	0.4
汾西县	6979	25809	3698	0.4
侯马市	6560	45286	6903	0.4
霍州市	3919	19625	5007	0.2
吕梁市	153187	725026	4733	8.8
离石区	4969	13123	2641	0.3
文水县	26938	224150	8321	1.6

续表

地区	播种面积 /hm²	总产量 /t	每公顷产量 /(kg/hm²)	播种面积占总面的 百分比/%
交城县	7097	38161	5377	0.4
兴县	10769	36327	3374	0.6
临县	20597	63294	3073	1.2
柳林县	6010	15415	2565	0.3
石楼县	6706	12323	1838	0.4
岚县	7012	30080	4290	0.4
方山县	5165	16607	3215	0.3
中阳县	2553	11103	4349	0.1
交口县	6053	21337	3525	0.3
孝义市	16386	77585	4735	0.9
汾阳市	32932	165520	5026	1.9
合计	1734116	9439778		100.0

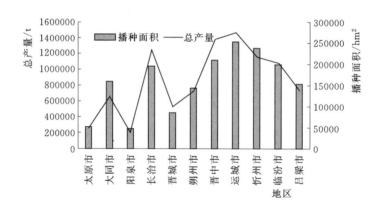

图 1-1 山西省各地区玉米播种面积和产量图

（二）玉米种植制度

在山西省北部地区属于春播玉米区，种植制度为一年一熟。大同盆地的种植制度为早熟春玉米，生长期为 5 月上旬至 9 月中旬。

山西省中部地区，太原地区种植春玉米，生长期为 4 月上旬至 9 月上旬；长治地区种植春玉米，生长期为 4 月上旬至 9 月中旬；忻州地区种植春玉米，生长期为 5 月上旬至 10 月上旬；吕梁地区种植春玉米，生长期为 4 月上旬至 10 月中旬。

南部地区是山西省热量条件较好的地区，可施行一年两熟或两年三熟制，临汾地区的玉米分为春玉米和夏玉米，春玉米生长期为4月上旬至8月下旬，夏玉米生长期为6月中旬至10月下旬；运城地区玉米分为春玉米和夏玉米，春玉米生长期为4月中旬至8月下旬，夏玉米生长期为6月下旬至10月上旬。

第四节　灌 溉 工 程 概 况

一、灌溉工程发展及现状

1949年以来，山西省灌溉工程的发展大致可以分为三个阶段：1950—1962年是高速发展的阶段，有效灌溉面积增长了 $47.4 \times 10^4 \mathrm{hm}^2$，平均年增长 $3.65 \times 10^4 \mathrm{hm}^2$，但经济效益发挥得不是太好，实灌率仅 $50\% \sim 55\%$；1962—1980年是稳定发展的阶段，这期间有效灌溉面积增长了 $43.0 \times 10^4 \mathrm{hm}^2$，平均年增长 $2.39 \times 10^4 \mathrm{hm}^2$，实灌率 $65\% \sim 70\%$；1981—1990年为配套受益巩固提高阶段，这一时期有效灌溉面积为负增长，实灌率有较大提高，为 $83\% \sim 87\%$；1991—2000年为灌区改造续建阶段，基本情况见表1-5。由表1-5可知，20世纪80年代以来，全省实灌面积比较稳定，水地保证率也有所提高，灌溉效益也有较大增长。

表1-5　　　　　　　　　　山西省灌溉面积发展情况表

年份	有效灌溉面积 /($\times 10^4 \mathrm{hm}^2$)	增长情况 /($\times 10^4 \mathrm{hm}^2$)	平均年增长 /($\times 10^4 \mathrm{hm}^2$)	实灌率 /%
1949	25.267			
1962	72.733	47.466	3.651	50～55
1980	115.755	43.022	2.390	65～70
1990	113.819	−1.935	−0.194	83～87
1995	120.199	6.380	1.276	90.2
1999	124.592	4.393	1.100	88.0
2000	125.334	0.742	0.742	86.1
2001	125.586	0.252	0.252	85.4
2012	131.906	6.320	0.575	96.9

到2012年有效灌溉面积达到 $131.906 \times 10^4 \mathrm{hm}^2$，实灌面积为 $127.843 \times 10^4 \mathrm{hm}^2$，实际灌溉率为 96.9%，山西省各行政区的灌溉情况详见表1-6。

表 1-6　　　　　　　2012 年山西省各行政区灌溉情况　　　　　单位：×10³hm²

地区	灌溉面积	有效灌溉面积	当年实际灌溉面积	水浇地	旱涝保收面积	节水灌溉面积	小型水利灌溉面积
山西	1357.86	1319.06	1278.43	1274.92	699.73	774.64	94.33
黄河流域	876.20	847.33	840.63	839.04	411.39	518.43	55.46
海河流域	481.66	471.73	437.80	435.88	288.34	256.21	38.87
太原市	52.95	48.14	48.34	46.90	30.29	25.73	1.31
大同市	132.72	130.11	121.27	121.27	67.67	79.94	10.68
阳泉市	8.73	8.25	8.00	8.00	4.51	5.05	2.27
长治市	84.47	83.40	77.68	77.68	62.69	64.13	7.32
晋城市	43.09	41.90	39.09	39.09	21.88	28.62	13.29
朔州市	128.24	123.68	116.24	116.24	81.81	60.69	5.17
晋中市	146.76	144.46	133.55	133.55	63.84	88.58	14.66
运城市	381.54	377.94	362.28	362.28	149.04	204.67	10.84
忻州市	132.04	129.58	120.84	118.92	72.48	44.51	7.27
临汾市	147.76	140.11	136.74	136.59	82.99	105.15	10.57
吕梁市	99.56	91.49	114.40	114.40	62.52	67.57	10.95

二、水利工程现状

到 2012 年累计修建小型水利工程设施 10744 处，固定渠道长度 109098km，累计防渗长度 60443km。累计修建小型水库 559 处，库容 92145 万 m³，中型水库 67 处，库容 198308 万 m³，大型水库 10 处，库容 287325 万 m³，已配套灌溉机电井眼数 85102 眼，已配套灌溉机电井装机容量 1403.05×10³kW。万亩以上灌溉区 188 处，有效灌溉面积 764.86×10³hm²，其中 50 万亩以上灌区 6 处，有效灌溉面积 262.16×10³hm²；30 万～50 万亩灌区 8 处，有效灌溉面积 123.97×10³hm²；5 万～30 万亩灌区 45 处，有效灌溉面积 220.2×10³hm²；1 万～5 万亩灌区 129 处，有效灌溉面积 158.35×10³hm²。截至 2012 年，水库数量为 636 座，水库总库容 57.8 亿 m³，灌溉机电井眼数 85102 眼，已配套灌溉机电井装机容量 1.403×10⁶kW。山西省水利工程概况详见表 1-7～表 1-9。

综上所述，山西省光热资源丰富，但水资源严重不足，水资源是制约山西省农业生产发展的关键因素之一。根据近 10 多年全省水利工程发展趋势分析，由于水资源可利用量及经济条件的限制，依靠大量开发水源来发展灌溉面积，增加灌溉供水量困难较大。为此必须大力发展节水灌溉，利用作物需水特性，引进和研究一些适合山西省自然条件的现代农业节水灌溉技术，节水型的管理技术，包括合理的水资源开发利用规划和管理技术，水资源优化调度技术，实现我省灌溉农业的可持续发展。而灌溉试验是引进、开发、推广示范这些先进技术的基础和先导。

表 1-7　　　　　　　　2012 年山西省水利工程概况

地区	小型水利设施	固定渠道长度/km	累计防渗长度/km	万亩以上灌区数量	万亩以上灌区有效灌溉面积/($\times 10^3$ hm²)	水库座数	水库总库容/万 m³	灌溉机电井眼数/眼
山西	10744	109098	60443	188	764.86	636	577778	85102
黄河流域	6125	69067	39074	98	536.46	362	319034	53905
海河流域	4619	40031	21369	90	228.40	274	258744	31197
太原市	365	5493	1972	10	18.22	17	90203	2805
大同市	820	12770	7404	24	50.50	79	79143	8004
阳泉市	662	914	447	1	1.33	23	7192	149
长治市	850	6536	4237	16	30.66	76	105331	8718
晋城市	2279	2136	1581	10	7.76	98	73350	571
朔州市	165	9868	5447	15	60.30	29	22483	8030
晋中市	1438	12654	6451	8	59.80	75	60304	10344
运城市	1020	29128	20410	34	197.62	101	18921	24856
忻州市	1505	10169	4142	30	88.25	49	23050	6332
临汾市	941	11437	5727	25	91.75	59	46674	10024
吕梁市	699	7993	2625	10	42.41	30	51126	5269

表 1-8　　　　　　　　2010 年山西省小型水利设施

地区	本年新增处数	累计达到处数	小型水库		自流渠道		挖泉截流/处	塘 坝	
			座数	库容/万 m³	处	干渠长度/km		处	库容/万 m³
山西	107	10744	446	66492.98	6289	8794.17	852	1580	4248.88
黄河流域	43	6125	258	41286.79	2952	4329.51	410	1040	2207.30
海河流域	64	4619	188	25206.19	3337	4464.66	442	540	2041.58
太原市	2	365	14	2698.00	247	257.72	36	33	121.62
大同市	1	820	62	3204.32	510	1328.63	126	122	376.44
阳泉市	1	662	21	2797.10	505	630.00	69	80	94.68
长治市	5	850	58	11852.77	511	629.50	67	179	1075.43
晋城市	11	2279	90	14452.50	542	514.20	35	221	813.75
朔州市	2	165	23	5942.00	69	218.00	37	36	267.30

续表

地区	本年新增处数	累计达到处数	小型水库		自流渠道		挖泉截流/处	塘坝	
			座数	库容/万 m³	处	干渠长度/km		处	库容/万 m³
晋中市	57	1438	48	6976.8	1015	1278.57	139	266	272.98
运城市	12	1020	74	6445.47	589	1168.55	157	381	509.89
忻州市		1505	10	2503.50	1328	1146.53	42	149	302.32
临汾市	14	941	26	3205.19	476	805.80	99	93	365.91
吕梁市	2	699	20	6415.33	497	816.67	45	20	48.56

表 1-9　　　　　　　　　　山西省渠道防渗情况　　　　　　　　　　单位：km

地区	固定渠道长度	其　中				累计防渗长度	其　中			
		万亩以上灌区	机电灌站	纯井区	小型水利		万亩以上灌区	机电灌站	纯井区	小型水利
山西	109098	39003	24474	33369	5836	60443	15603	16157	22847	5836
黄河流域	69067	21174	19970	21826	3445	39074	8299	13410	13920	3445
海河流域	40031	17830	4504	11544	2391	21369	7304	2747	8927	2391
太原市	5493	2735	1470	1125	89	1972	814	397	672	89
大同市	12770	3603	1549	4864	723	7404	1811	1009	3861	723
阳泉市	914	35	271	33	204	447	28	190	25	204
长治市	6536	3532	1343	760	692	4237	2248	872	425	692
晋城市	2136	211	548	586	705	1581	108	378	391	705
朔州市	9868	3949	482	5046	124	5447	1121	268	3934	124
晋中市	12654	4883	1142	5134	590	6451	2446	503	2912	590
运城市	29128	2029	13830	10974	1489	20410	990	10526	7405	1489
忻州市	10169	6973	1002	1116	468	4142	2339	491	844	468
临汾市	11437	5851	2205	2577	384	5727	2483	1279	1581	384
吕梁市	7993	5203	632	1155	368	2625	1216	244	797	368

三、供水情况

根据山西省《2012 年水利统计年鉴》，统计了山西省已建水库的情况、大中型水库、小水库、机电井、蓄水工程供水、引水工程供水、机电井工程供水、机电泵站工程等水利工程年供水量等情况，详见表 1-10～表 1-19。

表 1－10　　　　　　　　　　　山西省已建水库情况

地区	座数	其中			总库容/万 m³	其中		
		大型	中型	小型		大型/万 m³	中型/万 m³	小型/万 m³
山西	636	10	67	559	577778	287325	198308	92145
黄河流域	362	6	33	323	319034	158195	105348	55491
海河流域	274	4	34	236	258744	129130	92960	36654
太原市	17	2		15	90203	86600		3603
大同市	79	1	5	73	79143	58000	14130	7013
阳泉市	23		2	21	7192		4320	2872
长治市	76	3	8	65	105331	71130	20664	13537
晋城市	98	1	7	90	73350	39400	19573	14377
朔州市	29		6	23	22483		16541	5942
晋中市	75	1	12	62	60304	10358	40383	9563
运城市	101		4	97	18921		8718	10203
忻城市	49		8	41	23050		13894	9156
临汾市	59		8	51	46674		39093	7581
吕梁市	30	2	7	21	51126	21837	20992	8297

表 1－11　　　　　　　　　　　山西省大中型水库库容情况

地区	大型水库总计					中型水库总计			
	座数	总库容/万 m³	淤积库容/万 m³	兴利库容/万 m³	防洪库容/万 m³	座数	总库容/万 m³	淤积库容/万 m³	兴利库容/万 m³	防洪库容/万 m³
山西	10	287325	73120	113097	82636	67	198308	43389	73504	72300
黄河流域	6	158195	40593	86556	17506	33	105348	19767	37020	41594
海河流域	4	129130	32527	26541	65130	34	92960	23622	36485	30706
太原市	2	86600	38014	32900	8680					
大同市	1	58000	21900	5700	16300	5	14130	5657	4742	3720
阳泉市						2	4320	770	2066	2519
长治市	3	71130	10627	20841	48830	8	20664	6826	6009	10252
晋城市	1	39400		30300	3800	7	19573	3081	5485	9379
朔州市						6	16541	4837	8206	4430
晋中市	1	10358		8627	188	12	40383	4947	15459	10025
运城市						4	8718	578	1920	5251
忻城市						8	13894	3356	7179	4680
临汾市						8	39093	9227	15208	15521
吕梁市	2	21837	2579	14729	4838	7	20992	4110	7230	6520

表 1 - 12　　　　　　　　　　山西省小型水库库容情况

地区	总　计				小（1）型水库			
	座数	总库容/万 m³	兴利库容/万 m³	防洪库容/万 m³	座数	总库容/万 m³	兴利库容/万 m³	防洪库容/万 m³
山西	559	92145	36700	35933	266	82386	32293	32898
黄河流域	323	55491	22004	21096	160	49683	19255	19553
海河流域	236	36654	14696	14836	106	32703	13038	13346
太原市	15	3603	1869	1902	14	3585	1858	1892
大同市	73	7013	3881	2559	18	5233	3128	1973
阳泉市	21	2872	1226	1408	9	2626	1087	1290
长治市	65	13537	4261	5184	39	12609	3961	4874
晋城市	90	14377	6347	5786	38	12412	5299	5245
朔州市	23	5942	2105	2810	12	5498	1906	2603
晋中市	62	9563	3930	2732	29	8774	3549	2479
运城市	97	10203	4522	2956	38	8307	3723	2555
忻城市	41	9156	3604	4259	29	8831	3439	4078
临汾市	51	7581	2429	2210	22	6404	1898	1911
吕梁市	21	8297	2525	4127	18	8107	2446	3998

表 1 - 13　　　　　　　　山西省机电井数及装机容量情况

地区	机电井眼数/眼	已配套机电井眼数		灌溉机电井		
		眼数/眼	装机容量/(×10³ kW)	眼数/眼	已配套灌溉机电井眼数/眼	已配套灌溉机电井装机容量/(×10³ kW)
山西	104977	100311	2499.90	87306	85102	1403.05
黄河流域	67739	65553	2072.43	55196	53905	1051.15
海河流域	37238	34758	427.47	32110	31197	351.90
太原市	4605	4449	97.57	2836	2805	56.32
大同市	10131	8004	112.21	8678	8004	112.21
阳泉市	461	461	20.44	149	149	6.48
长治市	10574	10564	90.37	8719	8718	61.21
晋城市	1941	1900	33.74	571	571	16.11
朔州市	8835	8835	91.31	8030	8030	78.20
晋中市	11899	11380	160.03	10470	10344	156.16
运城市	29133	27897	714.64	25754	24856	619.80
忻州市	7635	7486	125.83	6467	6332	95.03
临汾市	12016	11763	177.59	10363	10024	133.54
吕梁市	7747	7572	876.16	5269	5269	67.99

表 1－14 山西省蓄水工程供水量 单位：万 m³

地区	蓄水工程当年实际供水量	其 中					
		农业灌溉	工业生产	城镇生活	乡村生活	生态环境	其他
山西	149655	72277	19217	1515	684	2918	53044
黄河流域	81781	48319	16969	853	451	2537	12651
海河流域	67874	23957	2248	662	233	381	40393
太原市	903	2	851		23	26	
大同市	6845	4052	125		68		2600
阳泉市	709	342	139	214	3	11	
长治市	8418	7001	1097			320	
晋城市	5078	2575	1006	90	237	1170	
朔州市	7619	7506	30	10	43	30	
晋中市	13840	8736	3194	928	119	633	230
运城市	2996	2778	153	24	10		31
忻州市	5332	5163	169				
临汾市	12188	6310	5791		78		9
吕梁市	13026	1705				428	10893
厅直单位	72701	26107	6662	249	103	300	39282

表 1－15 山西省引水工程供水量 单位：万 m³

地区	引水工程年供水量	其 中					
		农业灌溉	工业生产	城镇生活	乡村生活	生态环境	其他
山西	99010.03	71519.51	9320	1696.52	5350.76	1958	9165.24
黄河流域	61267.90	42070.68	3648	1334.52	3103.46	1948	9165.24
海河流域	37742.13	29448.80	5672	362.00	2249.30	1	
太原市	3806.90	3783.50			18.40	5	
大同市	7015.10	6203.80		190.00	621.30		
阳泉市	1456.83	1026.83	35	22.00	373.00		
长治市	6276.00	5179.00	331		766.00		
晋城市	4564.70	2757.70	941	144.00	722.00		
朔州市	8746.00	3859.00	4774		113.00		
晋中市	11489.90	9931.90	838	270.00	330.00	120	
运城市	2237.22	1760.22	335		142.00		
忻州市	13434.20	12907.20	12	30.00	485.00		
临汾市	15540.80	11438.00	1870	969.00	1253.80	10	
吕梁市	11675.14	9070.36	184	71.52	526.26	1823	
厅直单位	12767.24	3602.00					9165.24

表 1 - 16　　　　　　　　　　　**山西省机电井工程供水量**　　　　　　　　单位：万 m³

地区	机电井年供水量	其中					
		农业灌溉	工业生产	城镇生活	乡村生活	生态环境	其他
山西	343476.17	192682.05	68983.91	45856.82	34606.00	933.13	414.26
黄河流域	225570.52	118316.95	56918.13	25871.32	23625.73	434.13	404.26
海河流域	117905.65	74365.10	12065.78	19985.50	10980.27	499.00	10.00
太原市	34509.00	6131.00	20355.92	4736.08	3286.00		
大同市	36379.00	20388.00	1087.00	10412.00	4492.00		
阳泉市	4083.05	1093.50	1815.78	745.50	418.27		10.00
长治市	24856.00	8025.00	7723.00	6023.00	3085.00		
晋城市	22256.32	4913.00	9684.06	4828.13	2646.00	185.13	
朔州市	28327.00	21796.00	1835.00	2711.00	1616.00	369.00	
晋中市	46199.40	33708.90	5859.00	2659.50	3772.00	200.00	
运城市	67155.60	46051.60	8706.00	5662.00	6165.00	170.00	401.00
忻州市	23970.20	20457.20	488.00	479.00	2540.00	6.00	
临汾市	28060.20	17573.70	3592.00	3250.00	3638.50	3.00	3.00
吕梁市	24157.00	9020.75	7838.15	4350.61	2947.23		0.26
厅直单位	3523.40	3523.40					

表 1 - 17　　　　　　　　　　　**山西省机电泵站工程供水量**　　　　　　　单位：万 m³

地区	取水泵站当年实际供水量	其中					
		灌溉供水	工业生产	城镇生活	乡村生活	生态环境	其他
山西	92926.24	84690.75	4440.39	1292.62	2349.36	65.12	88
黄河流域	80852.24	75872.35	2562.39	607.02	1682.36	40.12	88
海河流域	12074.00	8818.40	1878.00	68506.00	667.00	25.00	
太原市	7280.34	6817.45	158.39	202.02	96.36	6.12	
大同市	2942.00	2707.00		150.00	80.00	5.00	
阳泉市	2589.00	446.40	1575.00	307.60	260.00		
长治市	2534.00	1768.00	288.00	217.00	261.00		
晋城市	3539.00	1834.00	857.00	191.00	581.00	23.00	53
朔州市	2096.00	2076.00				20.00	
晋中市	6870.50	6028.50	299.00	160.00	378.00		5
运城市	51356.00	50128.00	1198.00				30
忻州市	2573.80	229.00	15.00	35.00	227.80	1.00	
临汾市	8427.20	7980.00	27.00	30.00	380.20	10.00	
吕梁市	1461.40	1353.40	23.00		85.00		
厅直单位	1257.00	1257.00					

表 1-18　　　　山西省水利工程（不同工程）年供水量　　　　单位：万 m³

地区	供水总量	蓄水工程	引水工程	机电井	机电泵站
山西	685067.28	149654.84	99010.03	343476.17	92926.24
黄河流域	449471.20	81780.54	61267.90	225570.52	80852.24
海河流域	235596.08	67874.30	37732.13	117905.65	12074.00
太原市	46498.93	902.69	3806.90	34509.00	7280.34
大同市	53181.10	6845.00	7015.10	36379.00	2942.00
阳泉市	8837.78	708.90	1456.83	4083.05	2589.00
长治市	42084.00	8418.00	6276.00	24856.00	2534.00
晋城市	35438.13	5078.11	4564.70	222567.32	3539.00
朔州市	46788.00	7619.00	8746.00	28327.00	2096.00
晋中市	78399.80	13840.00	11489.90	46199.40	6870.50
运城市	123745.02	2996.20	2237.22	6715.56	51356.00
忻州市	45310.60	5332.40	13434.20	23070.20	25738.00
临汾市	64215.90	12187.70	15540.80	28060.20	8427.20
吕梁市	50319.06	13025.52	11675.14	24157.00	1461.40
厅直单位	90248.96	72701.32	12767.24	3523.40	1257.00

表 1-19　　　　山西省水利工程（不同用户）年供水量　　　　单位：万 m³

地区	供水总量	向农业供水	向工业供水	向城镇 生活供水	向乡村 生活供水	向生态 环境供水
山西	685067.28	421168.94	101961.60	50360.51	42990.28	5874.06
黄河流域	449471.20	284579.31	80097.82	28665.41	28860.71	4959.06
海河流域	235596.08	136589.63	21863.78	21695.10	14129.57	915.00
太原市	46498.93	16734.04	21365.61	4938.10	3423.96	37.22
大同市	53181.10	33350.80	1212.00	10752.00	5261.30	5.00
阳泉市	8837.78	2908.63	3564.78	1289.10	1054.27	11.00
长治市	42084.00	21973.00	9439.00	6240.00	4112.00	320.00
晋城市	35438.13	12079.70	12488.46	5253.13	4186.00	1377.84
朔州市	46788.00	35237.00	6639.00	2721.00	1772.00	419.00
晋中市	78399.80	58405.30	10190.00	4017.50	4599.00	953.00
运城市	123745.02	100718.02	10392.00	5686.00	6317.00	170.00
忻州市	45310.60	400822.80	684.00	544.00	3252.80	7.00
临汾市	64215.90	43301.40	11280.00	4249.00	5350.50	23.00
吕梁市	50319.06	21149.29	8045.15	4422.13	3558.49	2251.00
厅直单位	90248.96	34488.96	6661.60	248.55	102.96	300.00

第二章 玉米灌溉试验情况

第一节 灌溉试验基本概况

搞好农田灌溉节水工作是缓解山西省水资源紧缺的主要措施。全社会要建立一个节水型的社会供用水体系，而农田灌溉也必须建立一套适应本省特点的节水型农业灌溉体系，这是山西省灌溉试验工作的主要任务和目标。

山西省的灌溉试验，20世纪50年代曾在临汾、晋中、忻定3个盆地建立了3个中心试验站，8个灌区结合本灌区灌溉工作的需要也成立了灌区试验站，开展了各种主要作物需水量与灌溉制度试验。后来因种种原因这些试验站都相继撤销，中断了这项工作。1978年恢复了该项工作，全省一些灌区陆续成立了灌溉试验站，全省灌溉试验站到1981年最多时曾达到50余个。1987年后，经过调整、充实，现在全省灌溉试验站基本稳定在17个，其中进行玉米灌溉试验的试验站主要如下：

大同盆地：神溪、浑源、御河试验站；

忻定盆地：滹沱河、阳武河、小恨河试验站；

太原盆地：汾管局、潇河、文峪河试验站；

吕梁市：湫水河试验站；

上党盆地：漳北试验站；

临汾盆地：汾西灌区、利民、霍泉试验站；

运城盆地：夹马口、红旗、鼓水试验站。

各试验站试验场地基本情况见表2-1。

第二节 玉米历年试验研究项目情况

近来针对山西省严重缺水的特点进行了灌溉试验，重点研究玉米生育期，水分低于适宜作物生长的水分下限值的受旱试验，为制定限额供水的灌溉制度提供了依据。同时进行了不同灌水次数和不同灌溉定额的灌溉制度试验。

全省灌溉试验以单因子试验为主，试验方法为田测。在试验过程中尽量做到使各个处理的试验条件保持一致，以相同的耕种施肥标准进行试验，保证试验的准确性。

表2-1　山西省省灌溉试验站试验场地基本情况表

地区	所在县	站名	试验站位置			土壤质地	田间持水量（占干土重比）/%	容重/(g/cm³)	孔隙率/%	土壤肥力			地下水位/m	无霜期/天
			经度	纬度	海拔/m					有机质/%	含氮量/%	速效磷/ppm		
运城	临猗	夹马口	110°43′	35°09′	406	壤土	21.9	1.34	47	0.60	0.05	43.0	33	210
	平陆	红旗	111°12′	34°51′	360	壤土	22.0	1.41	46	0.70	0.07	4.0	100	200
	新绛	鼓水	111°13′	35°37′	447	壤土	23.5	1.35	51			27.0	17	201
临汾	临汾	汾西	111°43′	35°42′	449	中壤	26.5	1.42	47	3.20	0.10		2	191
	洪洞	霍泉	111°40′	36°10′	462	轻壤	24.6	1.46	45	1.46			4	189
晋中	榆次	潇河	112°36′	37°22′	787	中壤	27.1	1.40	46	1.34			8	156
吕梁	文水	汾管局	112°02′	37°04′	749	中壤	27.7	1.40	48	1.26			1~2	160
	文水	文峪河	112°03′	37°27′	760	中壤	23.4	1.47	46				33	160
晋东南	黎城	漳北渠	113°23′	36°31′	753	中壤	23.5	1.38	47	1.23	0.76	20.0	30	170
忻州	原平	阳武河	112°42′	38°50′	836	壤土	21.3	1.48	44	1.80	0.12	19.0	4	165
	忻州	滹沱河	112°43′	38°25′	791	壤土	24.0	1.42	46				1~2	153
	五台	小银河	113°22′	38°50′	1096	壤土	24.3	1.33	50				3	151
大同	浑源	神溪	113°41′	39°43′	1075	砂壤	17.2	1.42	48	0.72	0.06	4.9	7	142
	大同	御河	113°20′	40°06′	1066	砂壤	22.5	1.50	49	1.30			6	130

近 10 年来所开展的玉米试验观测项目见表 2-2。

表 2-2　　　　　　　　　　山西省历年玉米试验观测项目

站名	年份	观测项目名称	处理数	降水量 /mm	参考作物蒸发蒸腾量 ET_0/mm
运城市夹马口试验站	2004	灌水情况；耕作栽培情况；生育期记录；考种表；不同发育阶段气象因素表	5	347.55	441.8
	2005	试验区基本情况；灌溉试验设计处理；生育期气象要素；生育阶段调查；试验田耕作情况；生长期灌水量统计；考种表；土壤水分情况；耗水量计算结果表	5	251.00	430.1
	2008	生育期记录；生长期灌水情况；耕作情况；不同发育阶段气象因素表；耗水量计算表；考种表；土壤水分统计	5	196.80	412.0
新绛县鼓水灌区试验站	2008	试区基本情况；生育期气象因素；土壤水分情况；耗水量计算；考种表	5	224.30	368.2
平陆县红旗灌区	2007	农业措施；灌水情况；生育状况；考种表；气象要素统计；玉米阶段耗水统计；土壤水分表	4	427.60	353.7
临汾市汾西水利管理局试验站	2008	试验区的基本情况；田间操作处理；玉米生育期内的气象条件；灌水情况；土壤水分测定；叶面积指数观测和考种测产，结果分析	7	399.00	378.4
洪洞县霍泉水利管理处试验站	2008	气象状况；田间耕作管理；需水量与需水规律；生长动态变化规律；灌水情况；耗水量与产量	7	172.70	389.2
浑源县神溪水利管理处试验站	2003	考种对照表；灌溉试验成果；玉米降雨蒸发统计	4	241.10	529.5
	2004	考种对照表；灌溉试验成果；玉米降雨蒸发统计	4	260.40	489.4
	2005	降雨蒸发统计表；灌溉试验成果表；产值效益分析；考种对照表	4	261.00	566.7
	2008	全生育期降雨蒸发统计；全生育期月、旬降雨蒸发统计；灌溉情况；各生育期耗水量统计；考种对照表；少耕、覆盖、留茬、翻耕处理含水量统计	4	293.00	528.0
忻州市滹沱河试验站	2007	生育期记录；灌水情况；生育期气象因素统计；生育阶段耗水量表；田间管理记录；土壤水分情况	6	365.70	624.5
	2008	气象因素；灌水量；土壤含水量	6		651.2

站名	年份	观测项目名称	处理数	降水量/mm	参考作物蒸发蒸腾量 ET_0/mm
潇河水利管理局灌溉试验站	2006	试验田基本情况；田间耕作管理；生育期气象因素统计；需水量变化规律；生育期记录；植株生长与考种表；灌溉情况	5	243.60	618.5
	2008	试验区基本情况；田间耕作管理；气象因素统计；土壤水分情况；耗水量情况；生育阶段调查；植株生长及产量结构表；灌水情况	5	98.30	637.4
大同市御河灌溉试验站	2004	生育期记录；各小区叶面积指数；作物耗水过程；作物全生育期用水状况；收获后考种	8	347.40	535.7
	2006	试验场地基础数据；气象数据观测；土壤含水量测定；灌水情况；生育进程调查；生育阶段耗水量；考种表	7	183.60	570.1
黎城县漳北灌溉试验站	2005	试验场地的基础数据；气象数据观测；土壤含水量及作物耗水量测定；棵间蒸发量测定；生长发育进程调查；冬小麦水分生理指标观测；冬小麦产量的调查记录	12	357.90	514.7
	2008	试验场地基础数据；气象数据观测；土壤含水量及作物耗水量测定；棵间蒸发量；作物生长发育进程调查；春玉米水分生理指标观测，春玉米产量调查	7	524.00	459.4
临县湫水河灌溉试验站	2004	实验布设与数据采集；实验处理设置；实验观测项目及观测方法；气象数据观测；土壤含水量及作物耗水量测定；棵间蒸发量测定；实验分析	12	270.88	545.3
	2006	试验场地基础数据；气象数据观测；土壤含水量及作物耗水量测定；棵间蒸发量测定；生育期记录；水分生理指标观测；玉米产量构成因子调查	7	379.10	615.9
	2008	试验场地基础数据；气象数据观测；土壤含水量及作物耗水量测定；棵间蒸发量测定；玉米生长发育进程调查；考种表	6	386.00	594.6
洪洞县霍泉水利管理处灌溉试验站	2008	气象状况；田间耕作管理；需水量与需水规律；生长动态变化规律；灌水情况；耗水量与产量	7	172.70	378.4
山西省中心试验站	2005	试验站基本情况；田间耕作管理；土壤水分情况；生育期气象因素；玉米耗水量统计；考种表	12	267.00	581.3
	2005	实验区的基本情况；田间操作处理；玉米生育期内的气象条件；灌水方法；土壤水分测定；叶面积指数观测和考种测产，结果分析	7	267.00	581.3

第三节　测　试　方　法

各试验站在进行玉米灌溉试验研究时，对气象要素、土壤含水量、灌水量等进行了测定，各项目的测定方法如下：

（1）气象要素测定：根据地面气象要素观测规范要求测定有关气象要素，包括温度、空气湿度、日照、降雨、蒸发、风速等。

（2）土壤含水量测定：采用土钻取样，分层测定土壤含水量，一般分为0～20mm、20～40mm、40～60mm、60～80mm、80～100mm等层次测定，深度为1.0m。视需要可加深到1.5m或2.0m。

（3）灌水量测定：在供水管道上安装水表测定灌水量。采用渠道供水时，用量水堰等设施进行灌水量测试。

（4）生育期调查：按玉米生育期划分，定株观测，一般每5天观测一次。玉米的生育期：①播种出苗期：有50%的穴内的种子发芽出土高约2cm的日期；②苗期：从出苗到有10%的植株近地面的茎秆基部能摸到茎节；③拔节期：有10%植株近地面的茎秆基部能摸到茎节到10%植株雄穗尖端露出顶叶；④抽雄吐丝期：10%的植株雄穗尖端露出顶叶到10%植株开始灌浆的时期；⑤灌浆成熟期：10%植株开始灌浆到80%以上植株的果穗包叶变黄色，籽粒硬化时期；⑥全生育期：播种到成熟收割的时期。

（5）产量及产量构成：考种，对试验每处理进行多点取样考核。

（6）其他测定项目：其他测定的一些项目还包括玉米生长情况、产量及产量构成、棵间蒸发量、有效降雨量及地下水利用量等。

第三章　玉米需水量试验结果

第一节　玉米需水量的概念及影响因素

一、需水量的概念

需水量是指生长在大面积上的无病虫害作物，当土壤水分和肥力适宜时，在一定的生长环境中能取得高产潜力的条件下为满足植株蒸腾、棵间蒸发、组成植株体所需要的水量。在实际应用中，由于组成植株体的水分只占总需水中很微小的一部分（一般小于1%），而且这一小部分的影响因素较复杂，难于准确计算，故人们均将此部分忽略不计，即认为需水量就等于植株蒸腾量（transpiration）和棵间蒸发量（evaporation）之和，即所谓的蒸发蒸腾量（evapotranspiration）（J. 德伦博斯艾，1977；郭元裕，1997）气象学、水文学和地理学中称为"蒸散量"或"农田总蒸发量"，国内也有人称为腾发量。作物蒸发蒸腾量是一个地区或国家农田水利工程规划与设计等工作的基础资料，也是水资源开发利用与管理、农作物种植区划与布局、农业生产运筹等工作的重要根据，对国民经济发展与决策具有十分重要的意义，因此我国在流域规划、河流水分配等方面已开始注意这方面的研究（杨杰，2008）。

二、玉米需水量的影响因素

玉米需水量取决于玉米生长发育和对水分需求的内部因子与外部因子。所谓内部因子，就是指对需水规律有影响的生物学特性，这些特性与玉米种类和品种有关，同时也与玉米的发育期和生长状况有关（彭世彰，1992）。天气条件（包括太阳辐射、气温、日照、风速和湿度等）和土壤条件（包括土壤含水量、土壤质地、结构和地下水位等）属于外部因子。各种农业技术措施和灌排水措施只对玉米需水量产生间接影响，或者通过改变土壤含水量，或者改变农田小气候条件，或者最终改变玉米的生长状况。玉米需水和主要影响因子之间的多因子关系使此项研究工作变得极为复杂，为了顺利地研究玉米需水过程，必须分别考虑上述各因子对这一过程的影响（杨杰，2008）。

（一）气象因素对作物需水量的影响

气象因素对作物需水量的影响包括太阳辐射、空气湿度和风速等。太阳辐射是玉米蒸发蒸腾所需能量的唯一来源。太阳辐射能越高，玉米蒸发蒸腾速率越大。据分析玉米需水量与太阳辐射量的大小成一定的比例关系。但是，当太阳辐射太强时，会产生气孔关闭，叶面蒸腾减小，从而使玉米需水量减小。因此，玉米需水量与太阳辐射密切相关，所以多数需水量计算公式都以太阳辐射为参数，或者以需水量与太阳辐射关系为基础，建立玉米需水量与气温、日照之间的关系。

太阳辐射能的大小及其变化，可用气温来衡量，因而气温也影响土壤蒸发和玉米蒸发蒸腾。

空气湿度对玉米需水量的影响，是通过对叶面和大气之间的水汽压差的影响而起作用的。根据道尔顿（Dalton，1802）定律，空气湿度较低，则叶面和大气之间水汽压差较大，叶气之间的蒸发加快，即蒸发蒸腾量加大。空气湿度越高（饱和差小，相对湿度高），则叶面和大气之间的水汽压梯度越小，则蒸发蒸腾减慢。从势能的观点出发，空气湿度越高，空气的水势越高，则叶气之间的水势差小，蒸发蒸腾减小。玉米需水量与空气的饱和差成正比。

风有助于加快水汽扩散、减小水汽扩散阻力。根据水汽扩散理论可知水汽扩散阻力与风速成反比，风速越大，水汽扩散阻力越小，从而促进蒸腾。在一定范围内，蒸发蒸腾量的增减与风速的 0.5～1 次方成正比，但在一定限度以上时，可使气孔开度减小，使蒸腾量减小，甚至强风会使气孔关闭而停止蒸腾（温随群，2009）。

（二）土壤水分状况对玉米需水量的影响

土壤含水量是影响玉米需水量的主要因素之一，当土壤含水量降低时，发生土壤水分亏缺，土壤中毛管传导度减小，玉米根系的吸水速率降低，引起植株体含水量减小，保卫细胞失水收缩，气孔开度减小，经过气孔的扩散阻力增加，导致玉米叶面蒸腾强度低于无水分亏缺时的蒸腾强度。在降水或灌溉之后，土壤水分不断蒸发，表层土壤不断干燥，造成棵间土壤蒸发减小。因此，玉米需水量也会随土壤含水量的增加而变化。在降水和灌溉后的 2～3 天内，表层土壤湿润，玉米需水量明显变大。据有关试验结果证明玉米需水量在一定的范围内随土壤含水量的增加而增大。

（三）玉米生物学特性对玉米需水量的影响

生物学特性对玉米需水量的影响，主要表现在不同的生育阶段其需水量不同，生长的前期需水量小，中期需水量加大，到生长的盛期其需水量达到最大，后期需水量又开始减小，表 3-1 是山东禹城站测得的玉米生长盛期的日需水量（程维新，1994）。

表 3-1　　　　　　　　山东禹城站玉米生长盛期日需水量表　　　　　　单位：mm/d

作物名称	生育阶段	测定年份	平均日耗水量	最大日耗水量
玉米	抽雄期	1982	4.4	8.1

（四）农业技术措施对玉米需水量的影响

农业技术措施间接影响玉米需水量的变化。播种密度大，施肥多，会影响玉米叶面积的大小和株高的变化，从而间接影响需水量的大小。因为，一方面，冠层荫蔽状况不同，会引起能量平衡方程中各收支项的变化，从而影响需水量的大小；另一方面，植株长势不同与株体高度不同，会引起空气边界层阻力的变化，从而引起蒸发蒸腾量的变化。不同的耕作方式也会影响需水量的大小，灌水或降雨后通过耕、耙、锄、压等一整套保墒技术会减小棵间蒸发的水量，从而提高玉米水分利用效率，即在相同的产量水平下降低其需水量。通过秸秆或薄膜覆盖等措施也会降低其需水量值。

（五）灌溉排水措施对玉米需水量的影响

灌溉排水措施只对玉米需水量产生间接影响，或者通过改变土壤含水量，或者通过改变农田小气候，以至于玉米生长状况来引起玉米需水量的变化。一般情况下，地面灌溉方法下的玉米蒸发蒸腾量大于渗灌、滴灌和沟灌条件下的蒸发蒸腾量。本书所论述的玉米需水量是指地面畦灌条件下的需水量。

三、玉米需水量的测定方法

测定玉米需水量，依据试验设备的不同可归纳为三种方式（或方法），即器测法（过去亦称为筒法）、坑测法和田测法。器测法是通过直接称量种植有玉米的试验设施来测定玉米蒸腾蒸发量，即玉米需水量。坑测法是利用专门建设的测坑（可隔绝测坑内土体与外部土体的水量交换，加设防雨棚还可消除降水的影响）测定土体水量平衡方程要素，而后利用水量平衡法计算确定玉米需水量。田测法就是直接在大田内观测水量平衡各要素，而后用水量平衡法计算确定玉米需水量。这三种方式各有优缺点，也各有其适用的条件与环境。器测法测定的结果比较精确，能够快速、准确的反应需水量的变化过程。但规模大的器测设备（如大型称重式蒸渗仪）成本很高，运行管理要求条件严格；而简易的器测设备虽然成本较低，但其代表性和准确性也都较低，与实际生产有较大的差异。坑测法是一般试验场较为通用的测定需水量的方法，建设成本适中，也易于操作管理，精度也能满足需要，但由于检测设备的精度所限，一般只能测定以旬或月为时段长度的玉米需水量，无法像器测法那样测定玉米日需水量的变化。田测法直接在大田内测定玉米需水量，成本低，结果代表性好，但易受环境条件，特别是降水过程的影响，试验结果的理想程度难于控制，有时精度及准确性也无法保障。另外，像坑测法一样，无法测定玉米的日需水量，只能确定较长时段内的玉米需水量数值。

各试验站的玉米需水量的测定采用的是田测法，下面仅对田测法进行介绍。田测法是通过在大田内布设相应的试验直接测定土壤含水量，然后用水量平衡方程计算玉米需水量，见式（3-1）。通常小区面积比较大，一般可达 0.2～0.5 亩或更大。田测法的最大优势是试验条件十分接近大田实际，测定结果有较高的真实性与较强的代表性。但田测法的应用受环境影响很大。由于很难测定地下水的补给量，因此，通常要求布置试验的田块地下水埋深要在 3～5m 以下。另外，由于无法控制降水的影响，因此，需要同步测定有效降雨量，当试验区的地下水埋深高于 3～5m，还需要设置其他装置同步测定地下水利用量，给试验增加了许多难度，对结果的可靠性影响很大。

$$ET_{1-2} = 10 \sum_{i=1}^{n} \gamma_i H_i (\theta_{i1} - \theta_{i2}) + M + P + K - C \qquad (3-1)$$

式中：ET_{1-2} 为某时段内的作物需水量，mm；i 为土壤层次序号；n 为土壤层次总数目；γ_i 为第 i 土层土壤的容重，g/cm³；H_i 为第 i 层土壤的深度，cm；θ_{i1}、θ_{i2} 分别为第 i 层土壤在时段始末的平均含水量，%；M 为时段内的灌水量，mm；P 为时段内的降雨量，mm；K 为时段内的地下水补给量，mm；C 为时段内的排水量（地表排水与下层排水之和），mm。

土壤含水量的测定，是在地块内均匀布点，用土钻取土样观测，取多点平均值使用。灌水量可用水表测量，也可用量水堰测定。

有效降雨与地下水利用量采用专门的仪器设施测定。在地下水埋深大于 3～5m 的地区，地下水利用量可以忽略不计，无需专门测定。

第二节　土壤水分变化规律

一、土壤水分动态变化规律

选择了部分站的充分灌水处理和不灌水处理主要耗水层 0～60cm 和 0～100cm 土层的土壤水分变化情况进行研究，如图 3-1～图 3-6 所示，充分灌水处理的两个土层的土壤含水量平均在 15% 以上，不灌水处理的土壤含水量受气象条件影响比较大，基本在 10% 以上，充分灌水处理的土壤含水量要比不灌水处理的土壤含水量高。干旱年份 0～60cm 和 0～100cm 的土壤含水量差值较大，湿润年份 0～60cm 和 0～100cm 的土壤含水量差值较小。在无降雨时，0～602cm 土层的含水量随时间的推移呈逐渐下降的趋势，当有大的降雨时会出现波浪式的上升，波峰出现的次数与大的降雨的次数是一致的。

由图 3-1 所示：2005 年夹马口夏玉米 6 月 8 日播种，10 月 4 日收获，夏玉米生育期内降雨量为 250.4mm，充分灌水处理 6 月 24 日和 7 月 14 日灌水 2 次，灌溉定额为 330mm。从 6 月 8 日播种到 6 月 17 日，没有灌水，充分灌水处理和不灌水处理的 0～60cm 土层和 0～100cm 土层的土壤含水量基本相同，呈逐渐下降趋势。6 月 24 日充分灌水处理灌水 1 次，并且从 6 月 25—28 日降雨 30.9mm，

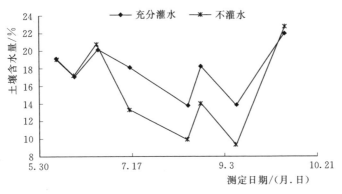

（a）0～60cm土壤水分动态变化

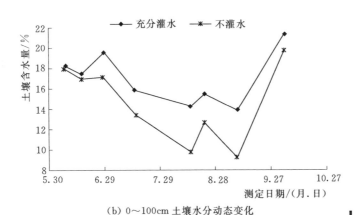

（b）0～100cm土壤水分动态变化

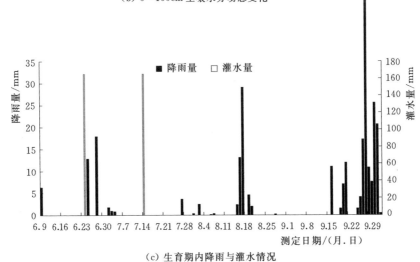

（c）生育期内降雨与灌水情况

图 3-1 2005 年夹马口夏玉米土壤含水量及降雨与灌水情况

两个处理的土壤含水量在 6 月 29 日均有上升，0～60cm 土层的含水量基本接近。此后两个处理的含水量差值逐渐增加，从 8 月 15—20 日之间降雨量为 51.3mm，两个处理的两个土层的含水量均有明显的上升。从 8 月 20 日到 9 月 19 日之间，降雨量很小且无灌水，两个处理的含水量逐渐下降。从 9 月 25 日至收获时降雨量为 119.6mm，收获时两个土层的含水量达到基本相同。从上述分析可知，在无降雨和灌水的初始阶段两个处理的两个土层的含水量及其变化趋势基本相同；在中期阶段，充分灌水处理开始灌水之后两个处理的两个土层的含水量出现差值，充分灌水处理的含水量明显高于不灌水处理，且降雨量越小，含水量差越明显；降雨量增加后，尤其是出现大的降雨之后，不灌水处理的含水量明显上升，与充分灌水处理的含水量差值减小，甚至达到相同；0～60mm 土层的土壤含水量受降雨影响要比 0～100cm 土层显著。

由图 3-2 所示：2008 年，夹马口春玉米生育期内的降雨量为 196.8mm，灌水 3 次，分别是 6 月 27 日、7 月 30 日和 8 月 9 日。从 4 月 10 日到 6 月 27 日之间，两个土层的含水量基本相同，变化趋势一致。6 月 27 日和 8 月 9 日灌水 2 次，每次 105mm，充分灌水处理的含水量有 2 次明显上升，而不灌水处理呈逐渐下降趋势。

由图 3-3 所示：2006 年，涑水河春玉米 4 月 25 日播种 10 月 10 日收获，在 8 月 21 日前降水量少，两土层土壤含水量相差较大，8 月 21 日后降水量增加，两土层的土壤含水量很接近。在每次灌水和降雨之后，充分灌水处理的土壤含水量会有明显的上升。不灌水处理在降雨之后土壤含水量会有上升，有降雨时 0～60cm 土层土壤含水量的上升较 0～100cm 土层明显，没有降雨时呈逐渐下降趋势。

由图 3-4 所示：2008 年，涑水河春玉米 4 月 24 日播种 10 月 11 日收获，生育期内降雨量为 247mm，灌水 3 次，灌水量 241mm。从播种到 5 月 21 日，两个不同处理的含水量基本相同。5 月 22 日、8 月 6 日和 8 月 19 日，充分灌水处理灌水 3 次，每次灌水之后充分灌水处理的土壤含水量均有大幅度的增加，而不灌水处理的含水量逐渐下降。在 9 月底至收获时段内降雨量为 62.8mm，不灌水处理的含水量有明显上升，与充分灌水处理的含水量差缩小。

由图 3-5 所示：2008 年，中心站 5 月 12 日播种 10 月 6 日收获，生育期内降雨量为 233.5mm，灌水 2 次，灌水定额 180mm，灌水日期为 7 月 21 日和 8 月 11 日。在整个生育期内降雨量较大，且分布比较均匀，因此两个处理在除去灌水时期的其他时段内土壤含水量的差值较小，变化趋势基本相同。两个土层的 6 月 28 日到 6 月 30 日之间有集中降雨，降水量为 45.5mm，两个处理的两个土层的含水量均有大幅度的上升。从 7 月 10 日到 9 月 11 日之间，充分灌水处理灌水 180mm，两个处理的土壤含水量的差值逐渐增大。

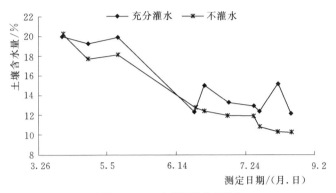

（a）0～60cm土壤水分动态变化

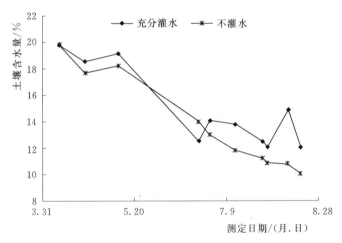

（b）0～100cm土壤水分动态变化

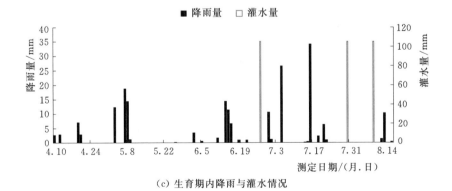

（c）生育期内降雨与灌水情况

图 3-2　2008 年夹马口春玉米土壤含水量及降雨与灌水情况

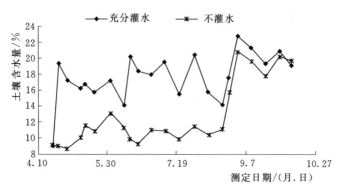

（a）0～60cm 土壤水分动态变化

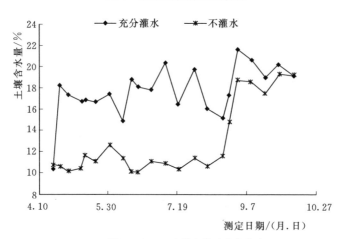

（b）0～100cm 土壤水分动态变化

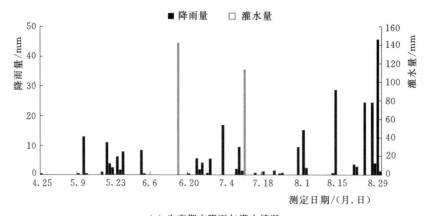

（c）生育期内降雨与灌水情况

图 3-3　2006 年淑水河春玉米土壤含水量及降雨与灌水情况

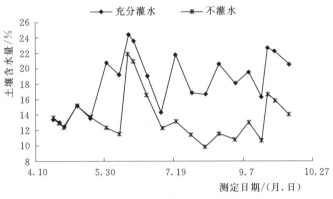

（a）0～60cm 土壤水分动态变化

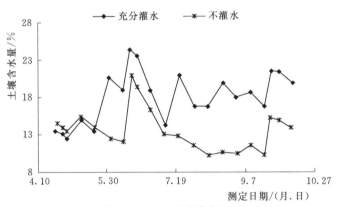

（b）0～100cm 土壤水分动态变化

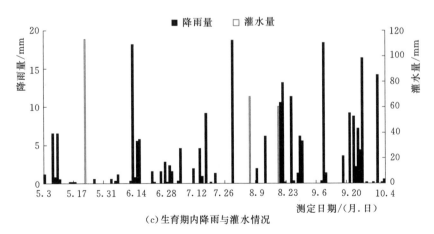

（c）生育期内降雨与灌水情况

图 3-4　2008 年漱水河春玉米土壤含水量及降雨与灌水情况

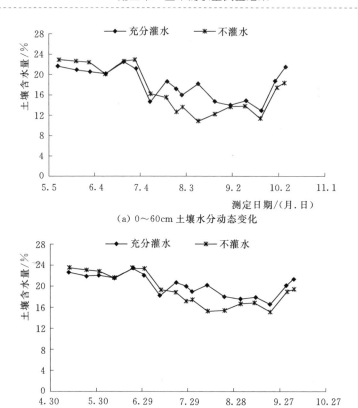

（a）0~60cm 土壤水分动态变化

（b）0~100cm 土壤水分动态变化

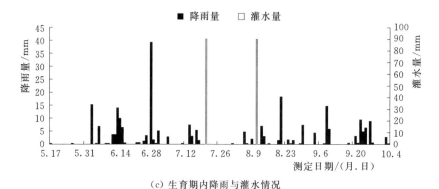

（c）生育期内降雨与灌水情况

图 3-5　2008 年中心站春玉米土壤含水量及降雨与灌水情况

　　由图 3-6 所示：2006 年，漳北站春玉米 5 月 1 日播种 9 月 21 日收获，生育期内降雨量为 551.5mm，灌水 2 次每次灌水 120mm，灌水日期为 6 月 29 日和 8 月 9 日。在整个生育期内降雨量较大，且分布比较均匀，因此两个处理在除去灌水时期的其他时段内土壤含水量的差值较小，变化趋势基本相同。从 7 月 3 日到

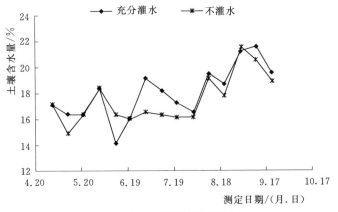

（a）0～60cm 土壤水分动态变化

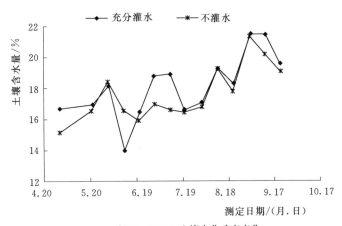

（b）0～100cm 土壤水分动态变化

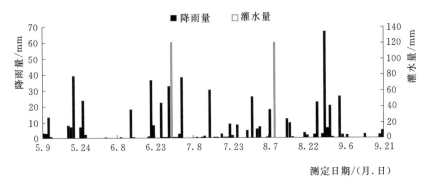

（c）生育期内降雨与灌水情况

图 3-6 2006 年漳北春玉米土壤含水量及降雨与灌水情况

收获期间，降雨量为 328.8mm，降雨量较多，且分布比较均匀，因此从 7 月 3 日之后，两个土层的土壤含水量非常接近。

二、土壤水分消退指数的变化规律

对于一定深度的土壤来说，土壤贮水量由于降水或灌溉而增加，其增加量与时段内的降水量、灌溉水量直接相关；贮水量由于蒸发（包括土壤蒸发和植物蒸腾）及深层渗漏而减少。在土壤水分变化过程中，多数时段处于消退阶段，土壤水分的消退规律是进行土壤水分预报的基础。基于土壤水分消退率与贮水量呈正比这一假定，得出了土壤水分消退指数的关系；对山西省部分站点的玉米土壤水分进行了模拟和预报（尚松浩，2009）。

1. 土壤水分消退指数的变化规律

田间土壤水分状况是由土壤特性及边界条件综合决定的。对于在山西省玉米生育期内，一般不能形成径流，这种情况下田间土壤水分平衡可表示为

$$W_2 - W_1 = P + I - ET - Q \tag{3-2}$$

式中：W_1、W_2 分别为时刻 t_1 和 t_2 的 1m 土层贮水量；P、I、ET、Q 分别为相应时段内的降水量、灌水量、蒸发蒸腾量及下边界的水分通量（以深层渗漏为主）。

在上述各量中，土壤贮水量是表示系统状态的量，可由实测的土壤含水量计算得到；降水量、灌水量作为系统输入，可以进行较为准确的测定；而蒸发蒸腾量、下边界水分通量的准确测定和计算比较困难。土壤水分动态预报的概念性模型及机理性模型主要是利用可测定的气象、作物、土壤等因子，对蒸发蒸腾量和下边界水分通量进行定量化描述，需要的试验资料较多；另外，土壤贮水量作为土壤水量平衡要素综合作用的结果，本身具有一定的变化规律，同时包含各要素变化的信息。因此根据土壤贮水量及降水、灌水过程来建立土壤水分动态变化的经验模型并进行田间土壤水分动态预报是一种常用的方法。

土壤水分的减少是由蒸发蒸腾和深层渗漏造成的，除较大降水或灌溉后短期内有一定量的深层渗漏外，在一般情况下，下边界水分通量比蒸发蒸腾量要小，在土壤水分胁迫条件下，蒸发蒸腾量与土层耗水量之间近似为线性关系。基于此，假设土壤水分消退阶段水分消退率与贮水量 W 呈正比，即

$$\frac{\mathrm{d}W}{\mathrm{d}t} = -kW \tag{3-3}$$

式中：k 为土壤水分消退指数，主要与气象、作物、土壤等条件有关。

对式（3-3）在时段 $[t_1, t]$ 内进行积分，即可得到土壤水分消退阶段的消退指数模式：

$$W_t = W_0 \exp[-k(t - t_1)] \tag{3-4}$$

在考虑降水及灌水情况下，土壤水分变化的递推关系（以天为单位）可表示为

$$W_{t+1} = W_t \exp(-k\Delta t) + P + I \tag{3-5}$$

式中：W_{t+1}、W_t 分别为第 t 日和 $t+1$ 日的土壤贮水量，$\Delta t = 1d$；其他符号意义同前。

2. 土壤水分消退指数的确定方法

上述模型的主要参数为土壤水分消退指数 k。在无降水及灌水的时段内，k 可由土壤水分观测资料推求。根据式（3-4）可得

$$k = \ln\left(\frac{W_1}{W_t}\right)\Big/(t - t_1) \qquad (3-6)$$

根据田间实验结果，可以求出不同时段（t，t_1）内土壤水分消退指数，进而分析其特性与变化规律。

从玉米耗水强度与土壤含水量关系分析，在时段内无降水、灌水、无地下水补给和深层渗漏的条件下，时段 Δt 内玉米的耗水强度可计算如下：

$$ET = \frac{W_0 - W_t}{\Delta t} = -\frac{W_t - W_0}{\Delta t} \qquad (3-7)$$

把式（3-7）用微分形式表示：

$$\frac{dW}{dt} = -ET \qquad (3-8)$$

而

$$ET = K_s K_c ET_0 = \frac{W - W_p}{W_j - W_p} K_c ET_0$$

所以

$$\frac{dW}{dt} = -ET = -K_s K_c ET_0 = -\frac{W - W_p}{W_j - W_p} K_c ET_0 \qquad (3-9)$$

其中

$$W_j = 10\gamma\theta_j H$$

式中：W_j 为临界土壤贮水量，即作物蒸发蒸腾量开始受到土壤水分胁迫影响时土壤贮水量。

因 W_p 很小可忽略不计，可得

$$\frac{dW}{dt} = -\frac{W}{W_j} K_c ET_0 \qquad (3-10)$$

比较式（3-3）和式（3-10）可得

$$k = ET_m / W_j \qquad (3-11)$$

其中

$$ET_m = K_c ET_0$$

根据当地气象资料和田间试验结果，逐日模拟，可得出土壤水分的动态变化过程。利用以上得到的土壤水分消退指数，在已知玉米播种时的土壤贮水量的情况下，即可根据式（3-4）的递推关系逐日预测土壤含水量，进行土壤水分动态预报。

采用土壤水分消退指数法对夹马口、漱水河和大同御河的春玉米土壤贮水量进行了预报。对 2006 年大同御河的充分灌水处理和不灌水处理进行了预报，充分灌水处理灌水 3 次，灌水量为 361.3mm，调整后的初始阶段作物系数 $K_{Cmin} =$

0.26，快速发育期为 0.26～1.46，生育中期作物系数 $K_{Cmid}=1.46$，收获期作物系数 $K_{Cend}=0.4$，临界土壤贮水量为 236.52mm，动态预报结果如图 3-7 所示。由图 3-7 可以看出，利用土壤水分消退指数对土壤贮水量进行预报时，预报值与实测值基本吻合，但在生育后期有的站点的预报值与实测值有一定差别，这主要是生育后期较长时间内缺少灌水及降水使得土壤水分的消退过程偏离一般规律，是造成预报误差的主要原因。这也说明土壤水分消退指数的变化是比较复杂的。事实上，土壤水分消退指数是一个反应作物生长状况及气象条件等因素的综合系数，在不同年份、不同条件下会有一定的变化，应进一步分析以上因素对消退系数的影响。

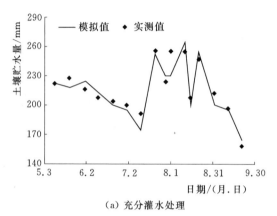

（a）充分灌水处理

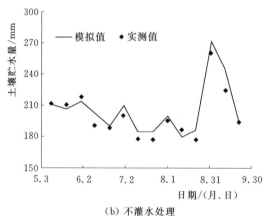

（b）不灌水处理

图 3-7　2006 年大同御河春玉米不同处理土壤水分
模拟值与实测值的比较

2005 年夹马口夏玉米充分灌水处理，灌水量为 330mm，生育期内降水量为 250.4mm，渗漏量为 253mm，灌水次数为 2 次，$K_{Cmin}=0.44$，快速发育期为 0.44～1.12，生育中期作物系数 $K_{Cmid}=1.12$，收获期作物系数 $K_{Cend}=0.51$，临界土壤贮水量为228.096mm，动态预报结果如图3-8所示。由图3-8可以看出，利用土壤贮水量进行预报时，预报值与实测值基本吻合，说明可以利用土壤水分消退指数规律进行土壤水模拟。

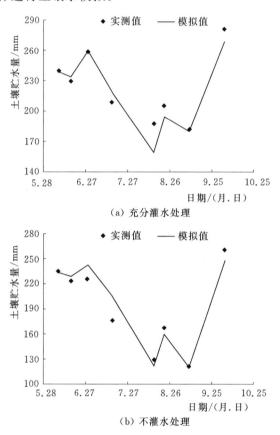

图3-8 2005年夹马口春玉米不同处理土壤水分
模拟值与实测值的比较

2008年夹马口充分灌水处理，灌水量为315mm，生育期内降水量为196.8mm，渗漏量为20.74mm，灌水次数为3次，$K_{Cmin}=0.3$，快速发育期为0.3~1.31，生育中期作物系数 $K_{Cmid}=1.31$，收获期作物系数 $K_{Cend}=0.47$，临界土壤贮水量为199.6mm，动态预报结果如图3-9所示。由图3-9可以看出，利用土壤贮水量进行预报时，预报值与实测值基本吻合，但是在生育期末，实测值与模拟值相差较大。

2004年湫水河充分灌水处理，灌水量为166.4mm，生育期内降水量为242.4mm，渗漏量为9.6mm，灌水次数为3次，$K_{Cmin}=0.29$，快速发育期为0.29~1.15，生育中期作物系数 $K_{Cmid}=1.15$，收获期作物系数 $K_{Cend}=0.35$，临界土壤贮水量为 219.4mm，动态预报结果如图 3-10 所示。

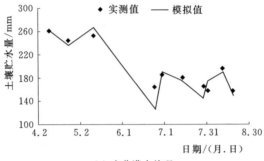

（a）充分灌水处理

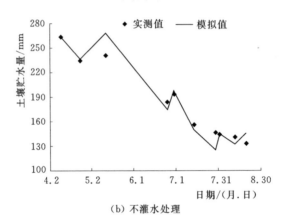

（b）不灌水处理

图 3-9 2008 年夹马口春玉米不同处理土壤水分
模拟值与实测值的比较

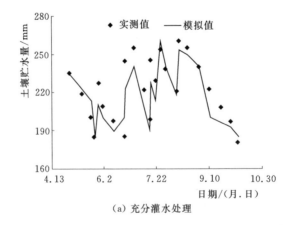

（a）充分灌水处理

图 3-10（一） 2004 年浍水河春玉米不同处理土壤水分
模拟值与实测值的比较

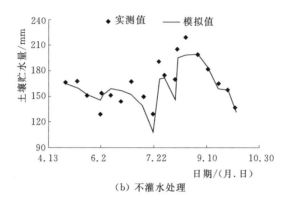

（b）不灌水处理

图 3-10（二） 2004 年浍水河春玉米不同处理土壤水分
模拟值与实测值的比较

图 3-11~图 3-14 是大同御河、夹马口、浍水河三个站的消退指数法模拟
的土壤含水量与实测含水量的散点图，由图可以看出，趋势线是一条接近于 1 的

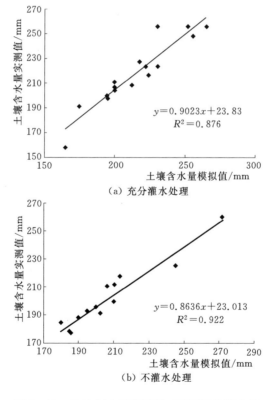

（a）充分灌水处理

（b）不灌水处理

图 3-11 2006 年大同御河春玉米不同处理土壤
水分模拟值与实测值的对比

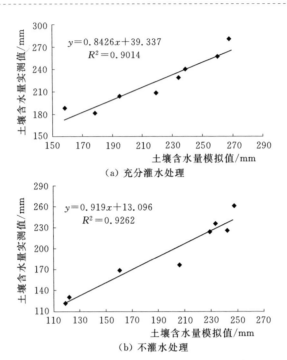

図 3 - 12　2005 年夹马口春玉米不同处理土壤水分模拟值与实测值的对比

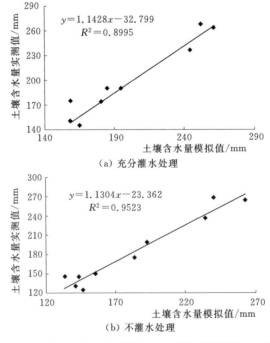

图 3 - 13　2008 年夹马口春玉米不同处理土壤水分模拟值与实测值的对比

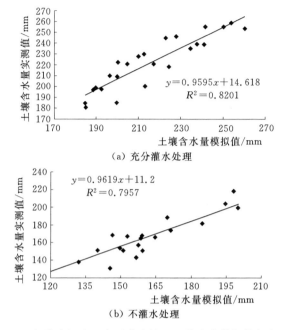

（a）充分灌水处理

（b）不灌水处理

图 3-14 2004 年湫水河春玉米不灌水处理土壤水分模拟值与实测值的对比

直线，湫水河试验站的两个处理的相关系数分别为 0.820 和 0.795，相关系数较小，而其他两个站的相关系数均在 0.9 左右，说明用消退指数法进行含水量的预测可以达到足够的精度。

对上述各站的降雨量、灌水量、渗漏量等进行了总结，见表 3-2。

表 3-2　　　　　　　　　各站降雨量、灌水量、渗漏量的汇总

地区	试验站	年份	处理	降雨量/mm	灌水量/mm	渗漏量/mm	有效降雨/mm	ET_0/mm	ET_m/mm	ET_a/mm
大同	御河	2006	充分灌水	209.4	361.3	105.4	104.0	523.9	482.3	478.0
			灌水一次	209.4	153.8	0	209.4			345.9
离石	湫水河	2004	充分灌水	266.4	166.4	33.3	233.1	575.4	448.1	451.0
			不灌水	266.4	22.5	0	266.4			294.9
运城	夹马口	2005	充分灌水	250.4	330.0	18.6	231.8	440.8	363.7	324.4
			不灌水	250.4	0	0	250.4			248.0
	夹马口	2008	充分灌水	196.8	315.0	20.7	176.1	539.1	503.5	486.9
			不灌水	196.8	0	0	196.8			375.7

由表 3-2 可以看出，2005 年夹马口的参考作物蒸发蒸腾量最小为 440.8mm，2004 年湫水河最大为 575.4mm，不灌水和灌水一次的情况下渗漏量最小为 0，也就是不发生渗漏，说明灌水量少的情况下降雨的有效利用率高。充分灌水情况下的渗漏量大。充分灌水情况下的玉米的需水量为 324.4～486.9mm。

第三节　玉 米 需 水 规 律

山西省进行了大量的玉米灌溉制度试验和需水量试验。灌溉制度试验设置了不同的灌水次数和不同的灌水定额，并且单个站年的处理数都在 4 以上，玉米需水量试验以控制生育期根系层土壤水分不同下限设置处理，单站年处理数一般在 3～4 个。对于灌溉制度试验处理，以产量为最高或较高，同时考虑玉米生育阶段耗水量分布的合理性，在每个站年选取一个处理，由此计算玉米的需水量与需水规律；对于玉米需水量试验，则以玉米根系层土壤水分不低于田间持水量的 60%～65%，且产量较高，确定玉米需水量与需水规律。依此逐年求得了玉米全生育期需水量和阶段需水量及其需水强度；以阶段需水强度为依据，求得各站多年平均的玉米阶段需水强度。统计各年玉米生育阶段起止日期，求其年平均值，作为该玉米的生育期起止日期，并确定各生育阶段的天数，以此作为多年平均情况下的作物生育阶段，求取作物阶段需水量及其全生育期的需水量。

一、春玉米需水规律

春玉米在山西全省均有种植，从山西省北部的大同御河到山西省南部运城夹马口生育期逐渐减小，变化范围为 131～166 天，4 月底到 5 月初播种，9 月底到 10 月初收获。春玉米的生育期划分为 5 个阶段，播种—出苗，出苗—拔节，拔节—抽雄，抽雄—灌浆，灌浆—收获。

对山西省大同、忻州、晋中等地区部分试验站不同年的实测灌溉试验资料进行分析，由表 3-3 可以看出，日均需水量均值在全生育期内呈单峰变化，最大值普

表 3-3　　　　　不同年份春玉米阶段需水量与需水强度汇总表

地区	试验站	年份	项　　目	生 育 阶 段					全生育期
				播种—出苗	出苗—拔节	拔节—抽雄	抽雄—灌浆	灌浆—收获	
大同	御河	2004	起止日期/(月.日)	5.8—5.21	5.22—6.22	6.23—7.28	7.29—8.25	8.26—10.22	5.8—10.22
			天数/d	13	31	35	28	28	135
			需水量/mm	18.2	65.8	171.6	146.6	129.1	531.3
			日均需水量/(mm/d)	1.4	2.1	4.9	5.2	4.6	3.9
			模系数/%	3.4	12.4	32.3	27.6	24.3	100.0
		2006	起止日期/(月.日)	5.10—5.20	5.21—6.30	7.1—7.23	7.24—8.20	8.21—9.21	5.10—9.21
			天数/d	10	40	23	28	33	134
			需水量/mm	19.9	34.5	142.4	248.5	164.9	610.2
			日均需水量/(mm/d)	2.0	0.9	6.2	8.9	5.0	4.6
			模系数/%	3.3	5.7	23.3	40.7	27.0	100.0

续表

地区	试验站	年份	项　目	生 育 阶 段					全生育期
				播种—出苗	出苗—拔节	拔节—抽雄	抽雄—灌浆	灌浆—收获	
大同	御河	2012	起止日期/(月．日)	5.1—5.20	5.21—6.30	7.1—7.20	7.21—8.10	8.11—9.21	5.1—9.21
			天数/d	20	41	20	21	41	143
			需水量/mm	47.2	78.6	60.3	191.2	122.4	499.8
			日均需水量/(mm/d)	2.4	1.9	3.0	9.1	3.0	3.5
			模系数/%	9.5	15.7	12.1	38.3	24.5	100.0
		2004、2006、2012	日均需水量均值/(mm/d)	1.9	1.6	4.7	7.7	4.2	4.0
			偏差系数 C_v/%	25.3	41.4	34.0	28.1	25.4	13.3
	神溪	2008	起止日期/(月．日)	5.1—5.18	5.18—7.6	7.6—8.4	8.4—8.24	8.24—9.30	5.1—9.30
			天数/d	17	49	29	20	38	153
			需水量/mm	19.2	105.1	126.4	128.1	107.6	486.4
			日均需水量/(mm/d)	1.1	2.1	4.4	6.4	2.8	3.2
			模系数/%	3.9	21.6	26.0	26.3	22.1	100.0
	镇子梁	2012	起止日期/(月．日)	5.1—5.20	5.21—6.30	7.1—7.31	8.1—8.20	8.21—9.21	5.1—9.21
			天数/d	20	41	31	20	32	144
			需水量/mm	28	89.3	111.8	123.6	97.7	450.4
			日均需水量/(mm/d)	1.4	2.2	3.6	6.2	3.1	3.1
			模系数/%	6.2	19.8	24.8	27.4	21.7	100.0
忻州	阳武河	2012	起止日期/(月．日)	5.1—5.10	5.11—6.20	6.21—7.20	7.21—8.10	8.11—10.2	5.1—10.2
			天数/d	9	41	30	21	53	154
			需水量/mm	16.5	100.7	129.6	115.6	146.2	508.6
			日均需水量/(mm/d)	1.8	2.5	4.3	5.5	2.8	3.3
			模系数/%	3.2	19.8	25.5	22.7	28.7	100.0
	小银河	2012	起止日期/(月．日)	5.2—5.14	5.15—6.18	6.19—7.15	7.16—8.8	8.9—9.30	5.2—9.30
			天数/d	13	35	27	24	53	152
			需水量/mm	32.0	79.6	114.3	124.3	102.3	452.5
			日均需水量/(mm/d)	2.5	2.3	4.2	5.2	1.9	3.0
			模系数/%	7.1	17.6	25.3	27.5	22.6	100.0

地区	试验站	年份	项　　目	生　育　阶　段					全生育期
				播种—出苗	出苗—拔节	拔节—抽雄	抽雄—灌浆	灌浆—收获	
忻州	小银河	2013	起止日期/(月.日)	4.29—5.14	5.15—6.18	6.19—7.15	7.16—8.8	8.9—9.26	4.43—9.26
			天数/d	16	35	27	24	49	151
			需水量/mm	26.0	82.0	120.5	118.7	112.8	460.0
			日均需水量/(mm/d)	1.6	2.3	4.5	4.9	2.3	3.0
			模系数/%	5.7	17.8	26.2	25.8	24.5	100.0
		2012、2013	日均需水量均值/(mm/d)	2.04	2.31	4.35	5.06	2.12	3.01
			偏差系数 C_v/%	28.9	2.1	3.7	3.3	12.4	1.6
	滹沱河	2007	起止日期/(月.日)	4.27—5.10	5.11—6.18	6.19—7.20	7.21—8.10	8.11—10.2	4.27—10.2
			天数/d	14	39	32	21	52	158
			需水量/mm	25.3	79.8	169.7	125.7	186.3	586.8
			日均需水量/(mm/d)	1.8	2.0	5.3	6.0	3.6	3.7
			模系数/%	4.3	13.6	28.9	21.4	31.7	100.0
		2008	起止日期/(月.日)	5.1—5.11	5.12—6.18	6.19—7.20	7.21—8.10	8.11—10.1	5.1—10.1
			天数/d	11	38	32	21	51	153
			需水量/mm	23.6	85.7	145.4	116.1	231.2	602.0
			日均需水量/(mm/d)	2.1	2.3	4.5	5.5	4.5	3.9
			模系数/%	3.9	14.2	24.2	19.3	38.4	100.0
		2012	起止日期/(月.日)	5.2—5.16	5.17—6.22	6.23—7.23	7.24—8.15	8.15—10.5	5.2—10.5
			天数/d	14	37	31	23	52	157
			需水量/mm	25.1	70.9	141.1	116.6	201.6	555.4
			日均需水量/(mm/d)	1.8	1.9	4.6	5.1	3.9	3.5
			模系数/%	4.5	12.8	25.4	21.0	36.3	100.0
		2013	起止日期/(月.日)	4.28—5.13	5.14—6.20	6.21—7.21	7.22—8.14	8.15—9.24	4.28—9.24
			天数/d	16	38	31	24	41	150
			需水量/mm	30.2	87.4	135.9	118.7	142.8	515.0
			日均需水量/(mm/d)	1.9	2.3	4.4	4.9	3.5	3.4
			模系数/%	5.9	17.0	26.4	23.0	27.7	100.0
		2007、2008、2012、2013	日均需水量均值/(mm/d)	1.91	2.13	4.70	5.38	3.87	3.65
			偏差系数 C_v/%	8.6	8.5	8.8	8.8	12.2	6.0

续表

地区	试验站	年份	项 目	生 育 阶 段					全生育期
				播种—出苗	出苗—拔节	拔节—抽雄	抽雄—灌浆	灌浆—收获	
离石	湫水河	2004	起止日期/(月.日)	4.30—5.10	5.11—6.10	6.11—7.10	7.11—7.31	8.1—10.8	4.30—10.8
			天数/d	11	31	30	21	69	162
			需水量/mm	15.6	96.0	101.1	89.3	229.3	531.4
			日均需水量/(mm/d)	1.4	3.1	3.4	4.3	3.3	3.3
			模系数/%	2.9	18.1	19.0	16.8	43.2	100.0
		2006	起止日期/(月.日)	4.25—5.13	5.14—6.15	6.16—7.10	7.11—8.10	8.11—10.10	4.25—10.10
			天数/d	19	33	25	31	61	169
			需水量/mm	36.9	33.9	174.0	148.5	191.7	584.9
			日均需水量/(mm/d)	1.9	1.0	7.0	4.8	3.1	3.5
			模系数/%	6.3	5.8	29.7	25.4	32.8	100.0
		2008	起止日期/(月.日)	4.28—5.10	5.11—6.16	6.17—7.10	7.11—8.20	8.21—10.11	4.28—10.11
			天数/d	13	37	24	41	51	166
			需水量/mm	27.4	88.4	61.1	295.0	152.7	624.4
			日均需水量/(mm/d)	2.1	2.4	2.5	7.2	3.0	3.8
			模系数/%	4.4	14.2	9.8	47.2	24.5	100.0
		2012	起止日期/(月.日)	4.25—5.10	5.11—6.10	6.11—7.10	7.11—8.10	8.11—10.10	4.25—10.10
			天数/d	16	31	30	31	61	169
			需水量/mm	22.6	112.5	117.2	168.3	211.8	632.5
			日均需水量/(mm/d)	1.4	3.6	3.9	5.4	3.5	3.7
			模系数/%	3.6	17.8	18.5	26.6	33.5	100.0
		2004、2006、2008、2012	日均需水量均值/(mm/d)	1.7	2.5	4.2	5.4	3.2	3.6
			偏差系数 C_v/%	20.8	44.4	45.9	23.6	6.5	6.5
	文峪河	2012	起止日期/(月.日)	5.7—5.19	5.20—7.9	7.10—8.7	8.8—8.25	8.26—9.30	5.7—9.30
			天数/d	13	50	29	18	36	146
			需水量/mm	25.4	112.8	126.3	93.0	90.8	448.2
			日均需水量/(mm/d)	2.0	2.3	4.4	5.2	2.5	3.1
			模系数/%	5.7	25.2	28.2	20.7	20.2	100.0

地区	试验站	年份	项 目	生 育 阶 段					全生育期
				播种—出苗	出苗—拔节	拔节—抽雄	抽雄—灌浆	灌浆—收获	
晋中	潇河	2006	起止日期/(月.日)	4.30—5.10	5.11—6.30	7.01—7.20	7.21—8.10	8.11—9.10	4.30—9.10
			天数/d	10	51	20	21	31	133
			需水量/mm	12.3	101.1	100.8	127.5	69.9	411.6
			日均需水量/(mm/d)	1.2	2.0	5.0	6.1	2.3	3.1
			模系数/%	3.0	24.6	24.5	31.0	17.0	100.0
		2008	起止日期/(月.日)	4.28—5.11	5.12—6.30	7.01—7.20	7.21—8.09	8.10—9.10	4.28—8.20
			天数/d	14	50	20	20	31	135
			需水量/mm	12.0	112.6	89.3	104.9	76.8	395.6
			日均需水量/(mm/d)	0.9	2.3	4.5	5.2	2.5	2.9
			模系数/%	3.0	28.5	22.6	26.5	19.4	100.0
		2012	起止日期/(月.日)	4.27—5.10	5.11—6.30	7.01—7.20	7.21—8.12	8.13—9.20	4.20—9.20
			天数/d	13	51	20	23	39	146
			需水量/mm	15.2	161.3	92.7	119.2	85.6	474.0
			日均需水量/(mm/d)	1.2	3.2	4.6	5.2	2.2	3.2
			模系数/%	3.2	34.0	19.6	25.2	18.1	100.0
		2006、2008、2012	日均需水量均值/(mm/d)	1.1	2.5	4.7	5.5	2.3	3.1
			偏差系数 C_v/%	18.4	25.1	6.3	9.0	6.4	5.1
	中心试验站	2004	起止日期/(月.日)	5.21—6.2	6.3—7.11	7.12—7.22	7.23—8.3	8.4—9.24	5.21—9.24
			天数/d	13	39	11	12	52	127
			需水量/mm	11.3	46.7	126.5	107.1	143.4	434.9
			日均需水量/(mm/d)	0.9	1.2	11.5	8.9	2.8	3.4
			模系数/%	2.6	10.7	29.1	24.6	33.0	100.0
		2005	起止日期/(月.日)	4.28—5.10	5.11—6.17	6.18—7.18	7.19—8.21	8.22—10.3	4.28—10.3
			天数/d	13	38	31	34	43	159
			需水量/mm	24.9	62.4	239.6	275.1	95.9	697.8
			日均需水量/(mm/d)	1.9	1.6	7.7	8.1	2.2	4.4
			模系数/%	3.6	8.9	34.3	39.4	13.7	100.0

续表

地区	试验站	年份	项 目	播种—出苗	出苗—拔节	拔节—抽雄	抽雄—灌浆	灌浆—收获	全生育期
晋中	中心试验站	2008	起止日期/(月.日)	5.12—5.23	5.24—6.23	6.24—7.28	7.29—8.11	8.12—10.6	5.12—10.6
			天数/d	11	31	35	14	56	147
			需水量/mm	9.6	31.1	183.0	123.5	80.6	427.7
			日均需水量/(mm/d)	0.9	1.0	5.2	8.8	1.4	2.9
			模系数/%	2.2	7.3	42.8	28.9	18.8	100.0
		2009	起止日期/(月.日)	4.20—5.2	5.3—6.11	6.12—7.11	7.12—8.6	8.7—9.21	4.20—9.21
			天数/d	12	40	30	26	46	154
			需水量/mm	15.5	19.7	118.4	125.1	231.0	509.6
			日均需水量/(mm/d)	1.3	0.4	2.7	2.8	5.3	11.6
			模系数/%	3.0	3.9	23.2	24.6	45.3	100.0
		2004、2005、2008、2009	日均需水量均值/(mm/d)	1.2	1.1	6.8	7.2	2.9	5.6
			偏差系数 C_v/%	40.0	46.2	55.3	40.6	56.4	72.6
长治	黎城	2005	起止日期/(月.日)	5.1—5.14	5.15—7.11	7.12—8.1	8.2—9.1	9.2—9.21	5.1—9.21
			天数/d	14	57	19	30	20	140
			需水量/mm	14.2	185.3	105.3	155.6	58.9	519.3
			日均需水量/(mm/d)	1.0	3.3	5.5	5.2	2.9	3.7
			模系数/%	2.7	35.7	20.3	30.0	11.3	100.0
		2006	起止日期/(月.日)	5.1—5.11	5.12—7.1	7.2—7.21	7.22—8.11	8.12—9.21	5.1—9.21
			天数/d	11	50	21	21	41	144
			需水量/mm	10.3	159.6	114.8	30.8	125.0	440.4
			日均需水量/(mm/d)	0.9	3.2	5.5	1.5	3.0	3.1
			模系数/%	2.3	36.2	26.1	7.0	28.4	100.0
		2008	起止日期/(月.日)	5.4—5.13	5.14—6.21	6.22—7.21	7.22—8.11	8.12—10.1	5.4—10.1
			天数/d	10	39	30	21	51	151
			需水量/mm	9.7	105.6	154.9	110.9	117.4	498.5
			日均需水量/(mm/d)	1.0	2.7	5.2	5.3	2.3	3.3
			模系数/%	1.9	21.2	31.1	22.2	23.6	100.0

续表

地区	试验站	年份	项 目	生 育 阶 段					全生育期
				播种—出苗	出苗—拔节	拔节—抽雄	抽雄—灌浆	灌浆—收获	
长治	黎城	2012	起止日期/(月·日)	5.5—5.16	5.17—6.21	6.22—7.21	7.22—8.11	8.12—9.21	5.5—9.21
			天数/d	12	36	30	21	41	140
			需水量/mm	11.8	124.3	148.2	113.1	148.3	545.7
			日均需水量/(mm/d)	1.0	3.5	4.9	5.4	3.6	3.9
			模系数/%	2.2	22.8	27.2	20.7	27.2	100.0
		2005、2006、2008、2012	日均需水量均值/(mm/d)	0.98	3.15	5.28	4.33	2.98	3.49
			偏差系数 C_v/%	3.3	10.0	5.3	44.2	18.1	10.9
运城	夹马口	2008	起止日期/(月·日)	4.10—4.24	4.25—5.12	5.13—6.30	7.1—7.14	7.15—8.19	4.10—8.19
			天数/d	15	18	49	14	36	132
			需水量/mm	32.3	40.1	212.3	98.6	118.2	501.5
			日均需水量/(mm/d)	2.2	2.2	4.3	7.0	3.3	3.8
			模系数/%	6.4	8.0	42.3	19.7	23.6	100.0
		2012	起止日期/(月·日)	4.6—4.20	4.21—5.20	5.21—6.30	7.1—7.20	7.21—8.28	4.5—8.28
			天数/d	15	30	41	20	39	145
			需水量/mm	18.9	52.2	195.3	92.3	107.5	466.2
			日均需水量/(mm/d)	1.3	1.7	4.8	4.6	2.8	3.2
			模系数/%	4.1	11.2	41.9	19.8	23.1	100.0
		2008、2012	日均需水量均值/(mm/d)	1.7	2.0	4.5	5.8	3.0	3.5
			偏差系数 C_v/%	36.9	17.4	6.7	29.5	12.3	11.8

遍发生在拔节—抽雄或抽雄—灌浆期，最大值可达到 7.7mm/d。主要是和春玉米的生长发育情况相关，播种到出苗阶段，玉米的覆盖度低，植株也小，因此需水量较少，随着玉米的生长，覆盖度逐渐变大，植株也逐渐长高，叶片也逐渐变大，玉米拔节后，生长发育加速，需水量迅速增多，拔节—抽雄吐丝期耗水占总耗水量的 28% 左右，抽雄期前后茎叶生长渐趋停止，雄穗已经形成，雌穗正值生长关键期，叶片蒸腾也达最高峰，对水分条件要求更高，是玉米耗水高峰期，通常称玉米需水"临界期"。抽雄期缺水应及时灌溉。保持田间持水量的 70%～80% 左右，否则会造成"卡脖旱"，不仅影响抽雄开花，雌穗吐丝，还会造成玉

米授粉不良，秃顶增多，大幅减产。

到了成熟期，叶子开始变黄，到最后整株都变黄，失去蒸腾耗水功能，需水量逐渐减少。灌浆—收获阶段日需水量均值变化范围为 2.12～4.2mm/d，小银河站最少为 2.12mm/d，大同御河站最大为 4.2mm/d。

春玉米生育期内的需水量为 395.6～624.4mm，抽雄—灌浆或拔节—抽雄阶段的模系数最大，其次是灌浆—收获阶段。这是由玉米的生长规律决定的，这时玉米由营养生长变为生殖生长，是玉米的需水关键期，需水量最大。

二、夏玉米需水规律

夏玉米一般在山西省临汾和运城地区播种，主要位于山西南部地区，光照充足，气温较高，适宜播种夏玉米。一般在 6 月播种，生长期在 110 天左右。夏玉米的生育期分为 4 个阶段，分别为：播种—出苗、出苗—抽雄、抽雄—灌浆、灌浆—收获。

对临汾和运城的灌溉试验站多年试验资料进行分析，得出各站的日需水量均值、阶段需水量均值，对于具有多年试验资料的站点还给出了偏差系数。日均需水量在全生育期内呈单峰变化，在抽雄—灌浆期日均需水量最大，变化规律详见表 3-4。夏玉米生育期内的需水量为 372.8～504.9mm。夏玉米生育期内需水量比春玉米小得多，这主要是由于夏玉米生育期短，只有 110 天左右，而春玉米的生育期在 140d 左右。

表 3-4　　　　　不同年份夏玉米阶段需水量与需水强度汇总表

地区	试验站	年份	项　目	生 育 阶 段				全生育期
				播种—出苗	出苗—抽雄	抽雄—灌浆	灌浆—收获	
临汾	霍泉	2005	起止日期/(月·日)	6.1—6.10	6.11—8.1	8.2—8.21	8.22—9.30	6.1—9.30
			天数/d	9	52	20	40	121
			需水量/mm	12.3	216.3	105.8	102.3	436.7
			日均需水量/(mm/d)	1.4	4.2	5.3	2.6	3.6
			模系数/%	2.8	49.5	24.2	23.4	100.0
		2008	起止日期/(月·日)	6.1—6.10	6.11—8.2	8.3—8.22	8.23—10.1	6.1—10.1
			天数/d	9	53	20	41	123
			需水量/mm	11.2	231.5	109.3	115.3	467.3
			日均需水量/(mm/d)	1.2	4.4	5.5	2.8	3.8
			模系数/%	2.4	49.5	23.4	24.7	100.0

续表

地区	试验站	年份	项　目	生育阶段 播种—出苗	生育阶段 出苗—抽雄	生育阶段 抽雄—灌浆	生育阶段 灌浆—收获	全生育期
临汾	霍泉	2012	起止日期/(月.日)	6.18—6.17	6.18—8.10	8.11—9.1	9.2—10.9	6.18—10.9
			天数/d	9	53	22	38	122
			需水量/mm	9.6	245.6	109.1	90.2	454.4
			日均需水量/(mm/d)	1.1	4.6	5.0	2.4	3.7
			模系数/%	2.1	54.0	24.0	19.8	100.0
		2005、2008、2012	日均需水量均值/(mm/d)	1.2	4.4	5.2	2.6	3.7
			偏差系数 C_v/%	10.0	4.4	4.0	7.0	2.1
	汾西	2008	起止日期/(月.日)	6.20—6.26	6.27—8.10	8.11—8.20	8.21—10.14	6.20—10.14
			天数/d	6	45	10	51	112
			需水量/mm	22.2	183.1	53.6	173.7	432.6
			日均需水量/(mm/d)	3.7	4.1	5.4	3.4	3.9
			模系数/%	5.1	42.3	12.4	40.2	100.0
	新绛县鼓水	2008	起止日期/(月.日)	6.14—6.24	7.25—8.10	8.11—8.31	9.1—9.31	6.14—9.31
			天数/d	10	53	21	30	114
			需水量/mm	21.3	245.6	114.2	75.2	456.3
			日均需水量/(mm/d)	2.13	4.63	5.44	2.51	4.00
			模系数/%	4.7	53.8	25.0	16.5	100.0
	利民	2009	起止日期/(月.日)	5.31—6.7	6.8—7.31	8.1—8.21	8.22—9.30	5.31—9.30
			天数/d	8	54	21	40	123
			需水量/mm	31.4	241.2	102.3	130.1	504.9
			日均需水量/(mm/d)	3.9	4.5	4.9	3.3	4.1
			模系数/%	6.2	47.8	20.3	25.8	100.0
		2012	起止日期/(月.日)	6.18—6.25	6.26—8.20	8.21—9.9	9.10—10.10	6.18—10.10
			天数/d	8	56	20	31	115
			需水量/mm	29.5	214.4	111.0	26.7	381.6
			日均需水量/(mm/d)	3.7	3.8	5.5	0.9	3.3
			模系数/%	7.7	56.2	29.1	7.0	100.0
		2009、2012	日均需水量均值/(mm/d)	3.8	4.1	5.2	2.1	3.7
			偏差系数 C_v/%	4.3	10.9	9.2	82.2	15.0

续表

地区	试验站	年份	项 目	生 育 阶 段				全生育期
				播种—出苗	出苗—抽雄	抽雄—灌浆	灌浆—收获	
运城	红旗	2007	起止日期/(月.日)	6.4—6.14	6.15—7.31	8.1—8.20	8.21—9.22	6.4—9.22
			天数/d	10	47	20	33	110
			需水量/mm	23.7	261.7	89.8	76.1	451.3
			日均需水量/(mm/d)	2.37	5.57	4.49	2.31	4.10
			模系数/%	5.3	58.0	19.9	16.9	100.0
	夹马口	2004	起止日期/(月.日)	6.25—6.29	6.30—8.17	8.18—9.1	9.2—10.4	6.25—10.4
			天数/d	5	49	20	33	107
			需水量/mm	4.9	201.3	87.1	79.5	372.8
			日均需水量/(mm/d)	1.0	6.1	4.4	2.4	3.5
			模系数/%	1.3	54.0	23.4	21.3	100.0
		2005	起止日期/(月.日)	6.8—6.17	6.18—8.10	8.11—8.15	8.16—10.4	6.8—10.4
			天数/d	10	45	14	50	119
			需水量/mm	8.9	254.9	58.3	96.3	418.4
			日均需水量/(mm/d)	0.9	5.7	4.2	1.9	3.5
			模系数/%	2.1	60.9	13.9	23.0	100.0
		2004、2005	日均需水量均值/(mm/d)	0.94	5.90	4.26	2.17	3.50
			偏差系数 C_v/%	6.8	5.6	3.2	15.8	0.6

三、不同年份玉米需水量变化分析

即使在同一地区，每年的播种时间和收获时间不完全相同，每年生育期内的气象条件差异较大，如降雨、蒸发等因素，最主要的是每年的灌溉试验各不相同，如灌水时间、灌水次数和灌水定额等，这些因素都会影响到玉米的需水量，因此，表3-3和3-4列出了历年玉米需水量的计算结果，对研究当地的玉米需水量不同年份之间的变化情况给出了参考依据。

四、玉米适宜灌水下限值

在山西省水资源短缺越来越严重的形势下，实施由传统的丰水高产向节水高效的非充分灌溉转变为大势所趋，而在非充分灌溉技术体系中，确定适宜的土壤水分下限指标，是非充分灌溉研究的重要内容。土壤水分适宜下限值，亦称灌水始点，是指适宜于玉米生长生育的最低土壤水分限量，是指示灌水的重要指标之一。它决定着玉米灌水的开始时间和灌水次数，也影响灌水量的确定，对制定玉米的灌溉制度和进行灌溉用水实时管理具有重要的现实指导意义。根据这一概念可以直接结合各种农业栽培技术和管理措施，通过对土壤水分的调控，减少灌水次数和灌水量，进而减少地表无效蒸发量和过度蒸腾，提高玉米水分利用效率。

1. 土壤水分下限的概念

土壤水分下限值是土壤供给玉米可利用水分的临界值，当土壤水分含量降低到土壤水分下限时，就会对玉米的生长发育及产量造成明显的影响，此时灌溉补水可以解除干旱威胁使玉米正常生长。土壤水分适宜下限值决定灌水次数，影响灌水定额，对灌溉制度的制定具有重要影响。在一般情况下，当土壤含水量介于玉米生长阻滞含水量与田间持水量之间时，玉米生长正常；当土壤含水量介于凋萎含水量与玉米生长阻滞含水量之间时，玉米将处于中度受旱状态；当土壤含水量接近凋萎系数时，说明玉米严重受旱。有学者认为当土壤水分含量降低到土壤水分下限时，将对玉米的生长发育及产量造成明显的影响，若此时进行灌溉，可解除干旱威胁使玉米正常生长。土壤水分下限受到玉米种类、玉米生育阶段和土壤的质地和容重等因素的影响。

灌水下限（土壤水分适宜下限值）指土壤水分达到临界值时，开始灌水的土壤含水量。

2. 适宜土壤水分下限试验结果

对各地区不同站点充分灌水处理的试验资料进行分析，找出各生育阶段最低的含水量作为适宜灌水下限值。对于具有多年试验资料的站点给出了不同年份的下限值均值，并列出了偏差系数，见表 3-5 和表 3-6。由表可以看出，玉米不同生育阶段的适宜灌水下限值不同，播种—拔节期和抽雄—灌浆期的适宜灌水下限值相对较高，灌浆—收获期的适宜灌水下限值最小。表中符号意义及计算公式如下：

C_v 为日需水量均值、阶段需水量均值的偏差系数，计算公式为

$$C_v = \frac{\sigma}{K_c} \tag{3-12}$$

$$\sigma = \sqrt{\frac{\sum_{i=1}^{n}(ET_i - ET)^2}{n-1}} \tag{3-13}$$

式中：σ 为标准差；C_v 为日需水量或阶段需水量的偏差系数；ET 为各生育阶段的需水量或日均需水量的多年平均值；n 为具有需水量试验资料的年数，即试验年数；ET_i 为第 i 年的玉米生育阶段或日需水量值。

表 3-5　　　　　　　春玉米作物灌水下限值汇总表

地区名称	试验站	项目	产量/(kg/亩)	耗水量/(m³/亩)	生育阶段灌水下限均值（占田间持水量,%）					备注
					播种—出苗	出苗—拔节	拔节—抽雄	抽雄—灌浆	灌浆—成熟	
大同	御河	均值	659.0	423.2	63.06	53.94	64.76	75.63	55.32	2004、2006、2012
		范围	369.7~830.4	333.1~500.4	55.0~67.5	50.8~56.0	54.7~70.0	60.4~86.5	44.9~66.1	
		偏差系数 C_v/%	31.22	16.28	9.05	4.15	11.03	20.14	15.65	
	神溪	数值	416.0	232.2	72.01	54.85	67.00	66.31	58.55	2008
忻州	滹沱河	均值	723.10	431.20	76.05	63.96	64.39	68.51	69.60	2007、2008、2012、2013
		范围	676.0~762.0	413.2~475.6	63.7~83.3	53.8~72.1	62.2~64.4	49.5~82.0	64.6~72.1	
		偏差系数 C_v/%	4.60	5.96	9.81	12.15	3.80	18.57	4.23	
	小银河	均值	756.50	517.40	73.40	64.04	68.0	77.60	70.50	2012、2013
		范围	678.0~835.0	497.9~537.0	71.0~75.8	64.1~64.1	73.2~82.8	73.6~81.6	67.2~73.9	
		偏差系数 C_v/%	10.38	3.77	3.29	0	6.19	5.20	4.73	
	阳武河	数值	800.0	465.6	71.8	66.2	71.6	75.0	65.6	2012
吕梁	湫水河	均值	707.50	505.90	73.81	61.25	75.44	63.74	67.31	2004、2006、2008、2012
		范围	499~884	354.2~655.0	61.4~86.1	54.5~71.0	68.4~81.1	58.8~71.4	57.8~84.1	
		偏差系数 C_v/%	19.63	26.66	18.39	11.15	6.22	18.98	14.82	
	文峪河	数值	1140	454.6	71.4	53.8	70.9	70.1	68.8	2008
晋中	中心站	均值	849.00	347.20	72.12	65.24	59.16	57.25	56.04	2004、2005、2008、2009
		范围	710~937	285~465	62.5~81.4	57.6~76.2	36.8~57.2	53.5~63.6	50.6~59.5	
		偏差系数 C_v/%	9.94	20.44	10.20	11.46	15.48	7.07	5.92	
	潇河	均值	762.40	293.87	69.41	59.24	62.31	65.36	61.74	2006、2008、2012
		范围	736~806	180.4~425.0	68.9~70.0	53.8~64.3	56.2~70.0	58.2~79.7	59.6~63.8	
		偏差系数 C_v/%	4.04	34.25	0.64	7.25	9.22	15.46	2.74	
长治	黎城	均值	708.20	354.70	69.75	54.11	72.06	70.04	73.09	2005、2006、2008、2012
		范围	563~840	218.3~423.3	45.82~85.53	41.13~64.11	59.15~85.25	72.48~87.30	62.55~83.12	
		偏差系数 C_v/%	14.69	23.10	21.28	20.81	13.97	12.69	12.41	

续表

地区名称	试验站	项　目	产量/(kg/亩)	耗水量/(m^3/亩)	生育阶段灌水下限均值（占田间持水量,%）					备注
					播种—出苗	出苗—拔节	拔节—抽雄	抽雄—灌浆	灌浆—成熟	
运城	夹马口	均值	448.5	326.1	77.64	68.47	54.86	71.06	62.73	2008、2012
		范围	391～506	242.4～409.8	66.4～88.9	64.8～82.1	52.8～56.9	61.1～81.0	57.4～68.1	
		偏差系数 C_v/%	12.91	25.67	14.49	17.40	3.80	14.01	8.49	

表 3-6　　夏玉米作物灌水下限值汇总表

地区名称	试验站	项　目	产量/(kg/亩)	耗水量/(m^3/亩)	生育阶段灌水下限均值（占田间持水量%）				备注
					播种—出苗	出苗—抽雄	抽雄—灌浆	灌浆—收获	
临汾	利民	均值	541.9	295.5	72.69	73.72	69.66	75.43	2009、2012
		范围	518.8～565.0	254.4～336.6	76.5～88.9	65.8～81.6	64.5～74.8	73.5～77.4	
		偏差系数 C_v/%	4.26	13.91	7.49	10.72	7.36	2.55	
	霍泉	均值	580.9	349.9	74.4	67.9	75.1	69.1	2005、2008、2012
		范围	475.9～693.1	287.2～447.0	61.8～87.4	57.3～84.5	60.2～89.0	56.9～78.5	
		偏差系数 C_v/%	15.29	19.90	14.06	17.57	15.72	13.06	
	汾西	数值	248.5	300.19	72.22	55.68	71.83	62.96	2008
运城	夹马口	均值	287.8	296.5	67.1	60.6	59.0	56.0	2004、2005
		范围	261.6～314.0	295.2～297.8	64.4～69.9	55.6～65.7	52.3～65.7	49.5～62.5	
		偏差系数 C_v/%	9.10	0.44	4.14	8.40	11.37	11.57	
	鼓水	数值	735.0	310.2	69.4	57.0	57.0	52.8	2008
	红旗	数值	492.6	321.9	64.8	70.6	61.9	56.4	2007

五、结论

上述玉米需水量是以多年平均值表示的玉米需水量，也可称为玉米需水量均值。玉米需水量均值直观明了，便于应用，其结果在工程规划设计及灌溉用水管理中得到广泛应用。但是玉米需水量均值抹杀了玉米需水量的年际变化，对工程设计规模会造成不同程度的影响，如干旱年（75%频率）的玉米需水量可能普遍大于一般年（50%频率）的玉米需水量值。而设计过程中采用了多年平均值，有可能使灌溉工程规模（灌溉面积）计算偏大。另一方面，试验年限毕竟系列较短，其玉米需水量有可能偏丰或者偏枯，影响工程规划设计精度。鉴于此，人们提出了采用气象资料和玉米系数逐年计算玉米需水量的方法。由此计算的玉米需水量可考虑年际间和地区间玉米需水量的变化，从而提高玉米需水量的计算精度。

第四章 玉米需水量的计算

第一节 玉米需水量的计算方法

玉米需水量的计算方法有三大类，第一类是先计算全生育期总需水量，然后用阶段需水模系数分配各阶段需水量的方法，即所谓的"惯用法"；第二类是直接计算各生育阶段玉米需水量的方法；第三类是先用气象因素计算各阶段参考作物蒸发蒸腾量，然后乘以作物系数求各阶段玉米需水量的方法。

一、惯用法

（一）以产量为参数的经验公式

玉米产量是太阳能的积累与水、土、肥和热气诸因素的协调及农业技术措施的综合结果，但在一定的气象和农业技术条件下，玉米产量与需水量有较好的关系，因而把玉米在一定自然条件和农业技术措施下所获得的产量与其相适应的需水量联系起来，以需水系数 K 表示它们之间的关系：

$$ET=Ky \tag{4-1}$$

或者
$$ET=Ky^n+C \tag{4-2}$$

式中：ET 为玉米全生育期的总需水量，mm；K 为需水系数，即生产 1kg 产量所消耗的水量；y 为玉米产量，kg/hm^2；n、C 分别为经验指数及常数，一般 $n=0.3\sim0.5$。

此法简便，只要确定了产量，便可算出此产量条件下的玉米需水量，同时，将需水量与产量相联系，有助于进行灌溉经济分析。但是采用该方法其参数的确定很困难，需要较长系列的试验观测资料，因为式（4-1）或式（4-2）适用于当年玉米基本不因供水不足而减产条件下的玉米需水量计算。但是会出现由于玉米品种改良，农艺措施改进等使玉米产量提高而导致玉米需水量增加。再者，由于年际间光照、气温的差异也会导致产量的变化。使得其参数的确定变得困难。目前以产量为参数的"K 值法"已较少使用。

（二）积温法

积温法公式为

$$ET=\beta T \tag{4-3}$$

或
$$ET=\beta T+S \tag{4-4}$$

式中：T 为玉米全生育期内的日平均气温的累积值，℃；β 为经验系数 mm/℃；

S 为经验常数；其他符号意义同前。

（三）日照时数法

日照时数法的公式采用的形式为

$$ET = fH + c \qquad (4-5)$$

式中：H 为全生育期累积日照时数；f 为经验系数；c 是经验常数。

此法最适用于夏季生长的作物，如玉米。因为 4—10 月，太阳辐射比较稳定，日照时数基本上反映了太阳辐射强度的大小，所以在气温较稳定的地区，此法计算的全生育期玉米需水量误差较小。

二、直接计算作物需水量法

（一）水面蒸发量法（α 值法）

用水面蒸发量为参数估算作物需水量的方法早在 1916—1917 年美国的 Briggs 和 Shanz 就曾提出过（康绍忠，1995），其后世界上不少国家也在这方面进行了研究，该法采用的公式为

$$ET = \alpha E_0 \qquad (4-6)$$

或 $$ET = \alpha E_0 + b \qquad (4-7)$$

式中：E_0 为全生育期内的水面蒸发量；α 为需水系数，即全生育期总需水量与 E_0 的比值；b 为经验常数；其他符号意义同前（温随群等，2009）。

由于该法只要水面蒸发资料，易于获得且比较稳定，用该法时除了必须注意使水面蒸发皿的规格、安设方式及观测场地规范化外，还必须注意非气象条件加土壤、水文地质、农业技术措施和水利措施等对 α 值的影响，否则将会给资料整理工作带来困难，并使计算成果产生较大误差。

（二）水量平衡法

用水量平衡法直接估算玉米需水量是以农田水量平衡方程为基础的，由此可得 Δ 时段内的作物需水量计算公式：

$$ET = P + I + S - \Delta W \qquad (4-8)$$

式中：P 为时段内的有效降雨量；I 为灌水量；S 为地下水利用量；ΔW 为时段始、末土壤贮水量之差。

水量平衡法是一种实测收集资料的方法，主要用于试验小区内的作物需水量估算，对于在大面积上应用则有许多降低其准确性和限制其适用范围的缺点。

三、通过参考作物需水量计算玉米实际需水量

通过参考作物蒸发蒸腾量计算玉米需水量的方法是近年来国内外普遍推荐采用的方法。该类方法计算玉米需水量的主要过程是首先利用气象因子计算参考作物蒸发蒸腾量，然后用玉米需水量试验求得的玉米作物系数乘以参考作物蒸发蒸腾量计算玉米需水量，即

$$ET_a = K_a ET_{0i} \qquad (4-9)$$

式中：ET_{0i} 为计算时段内的参考作物蒸发蒸腾量；K_{ci} 为相应时段的作物系数；ET_{ci} 为玉米时段 i 的需水量。

作物系数是指某阶段的玉米需水量与相应阶段内的参考作物蒸发蒸腾量的比值，一般由实测资料确定。作物系数是利用参考作物蒸发蒸腾量计算玉米需水量的关键性参数，应由专门玉米需水量试验求得。

随着人们对玉米需水量研究的深入，对玉米需水量认识程度的提高，参考作物蒸发蒸腾量的定义也变得更为完善实用。1977 年，联合国粮农组织在推荐彭曼法计算参考作物蒸发蒸腾量时，给出的参考作物蒸发蒸腾量的定义为：高度一致、生长旺盛、完全遮盖地面而不缺水的绿色草地（8～15cm 高）的蒸发蒸腾速率。1998 年，联合国粮农组织推荐采用的彭曼-蒙蒂斯法，则进一步地把参考作物蒸发蒸腾量定义为：一种假想的参照作物冠层的蒸发蒸腾速率。假设作物高度为 0.12cm，固定的叶面阻力为 70s/m，反射率为 0.23，非常类似于表面开阔、高度一致、生长旺盛、完全覆盖地面而不缺水的绿色草地的蒸发蒸腾量（Allen R G，1994）。这一定义较前一定义更具体，更便于实际操作应用，完全可通过计算求得，而不必依赖于试验进行验证。

参考作物蒸发蒸腾量只与气象因素有关，一般采用经验公式或半理论半经验公式估算。

（一）彭曼公式

彭曼公式是国内外应用最普遍的综合法公式，它引入干燥力的概念，经过简洁的推导，得到一个用普通气象资料就可计算作物需水量的公式，几经修正，目前国内外最通用的形式为

$$ET_{0i} = \frac{\frac{p_0}{p}\frac{\Delta}{\gamma}R_n + E_a}{\frac{p_0}{p}\frac{\Delta}{\gamma} + 1.0} \qquad (4-10)$$

式中：p_0、p 分别为海平面标准大气压和计算地点的实际气压，hPa；Δ 为饱和水汽压-温度曲线上的斜率，hPa/℃；γ 为湿度计常数；R_n 为净辐射；E_a 为干燥力（中国主要农作物需水量等值线图研究协作组，1995）。

Doorenbos J（Doorenbos J. et al. 1977）对 Penman 公式进行简化和参数替代变换后得到修正的 Penman 公式，即 Penman-FAO 公式。该公式仅需气温、水汽压、日照时数和风速等普通气象资料就可以计算出参考作物腾发量，而且与世界各地大量的蒸渗仪实测结果相比，Penman-FAO 公式比前述的经验公式更科学合理，是目前世界上应用较普遍的公式之一。其缺点是，在不同的地区和气候条件下，同一种参照作物蒸发蒸腾量的计算结果缺乏可比性；为适应不同地区还需要加入许多修正参数及风函数等，使用不方便。使用该公式计算的参考作物腾发量一般会过量估计 ET_0，平均误差在干旱地区为 18%，湿润地区为 35%，

在 ET_0 高峰季节,误差分别为 11% 和 34%(马海燕,2006)。

(二)彭曼-蒙蒂斯法(Penman-Monteith)

Penman-Monteith 方法以能量平衡和水汽扩散理论为基础,既考虑了作物的生理特征,又考虑了空气动力学参数的变化,具有较充分的理论和较高的计算精度(刘钰,1997)。Penman-Monteith 公式是一种通用性的计算参考作物蒸发蒸腾量的方法,不需要进行地区率定,也不需要改变任何参数,适用于世界各地,具有很强的通用性(王玉宝,2004)。国内外许多学者多年的试验应用表明,Penman-Monteith 方法是目前计算参考作物蒸发蒸腾量的最好方法。但 Penman-Monteith 公式在使用上的不足之处在于其形式较复杂,参数较多(每日的气象资料如气温、日照、风速、湿度等,以及太阳辐射、当地的海拔和纬度等),而我国目前能提供如此详尽资料的气象站点相对不足(马海燕,2006),这给一些条件较差地区对作物需水量的计算以及灌溉预报带来了一些困难。不过,随着我国气象事业的发展,站点建设的日益加强,Penman-Monteith 公式的应用条件将日趋完善。

FAO 推荐的彭曼-蒙蒂斯公式:

$$ET_0 = \frac{0.408\Delta(R_n - G) + \gamma\frac{900}{T+273}u_2(e_s - e_a)}{\Delta + \gamma(1 + 0.34u_2)} \qquad (4-11)$$

式中:ET_0 为参考作物腾发量,mm/d;R_n 为作物冠层顶的净辐射(net radiation at the crop surface),MJ/(m^2·d);G 为土壤热流强度,MJ/(m^2·d);T 为 2m 高度处的日平均气温,℃;u_2 为 2m 高度处的风速,m/s;γ 为湿度计常数;e_s、e_a 分别为饱和水汽压和实际水汽压,kPa;其他符号意义同前。

1. 大气参数

空气压力 P 是由地面上空大气的重量产生的。在 20℃ 的标准大气温度下,空气压力可用式(4-12)计算:

$$P = 101.3 \times \left(\frac{293 - 0.0065z}{293}\right)^{5.26} \qquad (4-12)$$

式中:P 为大气压,kPa;z 为海拔高度,m。

2. 蒸发潜热 λ

蒸发潜热 λ 是指在某一恒定气压和恒定气温过程中单位液态水转化为气态水所需要的能量,在 20℃ 的气温情况下,λ 取 2.45MJ/kg。

3. 湿度计常数 γ

温度计常数 γ 由下式给出

$$\gamma = \frac{C_p P}{\varepsilon\lambda} = 0.665 \times 10^{-3} P \qquad (4-13)$$

式中:γ 为湿度计常数,kPa/℃;P 为大气压,kPa;C_p 为恒压下的比热,

1.013×10^{-3} MJ/(kg·℃)；ε 为水蒸气与干空气分子重量之比，等于 0.622。

4. 平均饱和水汽压 e_s

饱和水汽压与空气温度有关，能够利用气温计算，计算公式如下：

$$e_s(T) = 0.6108\exp\left(\frac{17.27T}{T+237.3}\right) \tag{4-14}$$

式中：$e_s(T)$ 为气温为 T 时的饱和蒸汽压，kPa；T 为气温，℃；$\exp(\cdots)$ 为 2.7183（自然对数的底数）指数运算。

5. 饱和水汽压-温度曲线斜率（Δ）

参考作物蒸发蒸腾量的计算需要饱和水汽压-温度曲线斜率 Δ，由下式给出：

$$\Delta = \frac{4098 \times \left[0.6108\exp\left(\dfrac{17.27T}{T+237.3}\right)\right]}{(T+237.3)^2} \tag{4-15}$$

式中：Δ 为饱和水汽压-温度曲线斜率，kPa/℃；其他符号意义同前。

这里气温用实际观测值，也可用下式计算：

$$T = (T_{\max} + T_{\min})/2$$

6. 风速

2m 高度处风速 u_2 可由 10m 高度处风速计算，计算公式如下：

$$u_2 = u_z \frac{4.87}{\ln(67.8z - 5.42)} \tag{4-16}$$

式中：u_z 为地面以上 Z_m 高度处的风速，m/s；z 为地面以上观测高度，m。

采用 10m 高度处的风速 u_{10} 计算时，即 $z = 10$m。

$$u_2 = 0.748u_{10}$$

7. 理论太阳辐射 Q_a

不同纬度上每天的紫外辐射，即理论太阳辐射 Q_a，可利用太阳常数，太阳磁偏角和年时计算：

$$Q_a = \frac{24(60)}{\pi} G_{sc} d_r [\omega_s\sin\phi\sin\delta + \cos\phi\cos\delta\sin\omega_s] \tag{4-17}$$

式中：Q_a 为理论太阳总辐射，MJ/(m^2·d)；G_{sc} 为太阳常数，等于 0.0820MJ/(m^2·min)；d_r 为日-地相对距离 [式 (4-19)]；ϕ 为纬度，rad，按式 (4-18) 计算；δ 为太阳磁偏角 [式 (4-20)]，rad。

$$弧度 = \pi/180(角度) \tag{4-18}$$

日地相对距离 d_r 和太阳磁偏角，用下式计算：

$$d_r = 1 + 0.033\cos\left(\frac{2\pi}{365}J\right) \tag{4-19}$$

$$\delta = 0.409\sin\left(\frac{2\pi}{365}J - 1.39\right) \tag{4-20}$$

式中：J 为日序号，从 1 月 1 日开始 $J=1$ 到 12 月 31 日 $J=365$ 或 366。

J 用下式计算：

$$J = \text{INTEGER}(30.4M - 15)$$

这里 J 为月中的近似值；M 为月序号；INTEGER 为取整函数。

8. 日落时角 ω_s

由下式给出：

$$\omega_s = \arccos[-\tan\phi\tan\delta] \qquad (4-21)$$

因为许多计算机语言没有反余弦，因此日落时角也可使用下式计算：

$$\omega_s = \frac{\pi}{2} - \arctan\left[\frac{-\tan\phi\tan\delta}{x^{0.5}}\right] \qquad (4-22)$$

其中

$$x = 1 - \tan^2\phi\tan^2\delta \qquad (4-23)$$

且当 $x \leqslant 0$ 时，取 $x = 0.00001$。

9. 可能日照时数 N

可能日照时数与纬度和太阳磁偏角有关。

$$N = \frac{24}{\pi}\omega_s \qquad (4-24)$$

这里 ω_s 为由式（4-21）或式（4-22）计算的日落时角。

10. 太阳辐射 Q_s

在没有观测的太阳辐射 Q_s 时，可用碧空太阳总辐射和相对日照时数计算

$$Q_s = \left(a_s + b_s\frac{n}{N}\right)Q_a \qquad (4-25)$$

式中：Q_s 为太阳辐射或称为短波辐射，$MJ/(m^2 \cdot d)$；n 为实际日照时数，h；N 为最大可能的日照时数，h；a_s 为回归系数，表示天空完全遮盖（$n=0$）时的太阳辐射系数；a_s 和 b_s 为完全晴天（$n=N$）时太阳总辐射到达地面的比例系数。

11. 天空完全晴朗的太阳辐射 Q_{so}

$$Q_{so} = (0.75 + 2\times10^{-5}z)Q_a$$

式中：z 为海拔高度，m。

当得不到系数 a_s 和 b_s 时，可采用下式计算到达地面的太阳辐射：

$$Q_{so} = (a_s + b_s)Q_a$$

式中：Q_{so} 为完全晴天天时的太阳辐射，$MJ/(m^2 \cdot d)$；其他符号意义同前。

12. 太阳净辐射即净短波辐射 Q_{ns}

净短波辐射是地面接收的太阳能与反射的太阳能之间的差值，由下式计算：

$$Q_{ns} = (1-\alpha)Q_s$$

式中：Q_{ns} 为太阳净辐射，$MJ/(m^2 \cdot d)$；α 为反射率，即冠层反射系数，对于假设的参考作物牧草，其值为 0.23；其他符号意义同前。

净长波辐射 Q_{nl}，用下式计算：

$$Q_{nl}=\sigma\left(\frac{T_{\max,K}^4+T_{\min,K}^4}{2}\right)\left(0.34-0.14\sqrt{e_a}\right)\left(1.35\frac{Q_s}{Q_{so}}-0.35\right)\quad(4-26)$$

式中：R_{nl} 为净长波辐射，$MJ/(m^2 \cdot d)$；σ 为斯蒂芬-波尔兹曼常数，等于 $4.903\times 10^{-9} MJ/(k^4 \cdot m^2 \cdot d)$；$T_{\max,K}$ 为日最大绝对气温；$T_{\min,K}$ 为日最小绝对气温；e_a 为实际水汽压，kPa；其他符号意义同前。

若有平均气温观测值时，也可采用日均气温的绝对温度，即

$$Q_{nl}=\sigma T_K^4\left(0.34-0.14\sqrt{e_a}\right)\left(1.35\frac{Q_s}{Q_{so}}-0.35\right)\quad(4-27)$$

式中：T_K 为平均气温下的 K 氏温度，即绝对温度。

13. 净辐射 R_n

净辐射是地面接收的净短波辐射 Q_{ns} 与支出的长波辐射 Q_{nl} 之差。

$$R_n=Q_{ns}-Q_{nl}\quad(4-28)$$

14. 土壤热流 G

土壤热流较太阳净辐射小，特别是当地面被植被覆盖时，计算时间步长为 $24h$，10 天或 15 天。可利用气温计算：

$$G=C_s\frac{T_i-T_{i-1}}{\Delta t}\Delta Z\quad(4-29)$$

式中：G 为土壤热流，$MJ/(m^2 \cdot d)$；G_s 为土壤热容量，$MJ/(m^2 \cdot d)$；T_i 为时间 i 时的气温，$℃$；T_{i-1} 为时间 $i-1$ 时的气温，$℃$；Δt 为时间间隔长度，天；ΔZ 为有效土壤深度，m。

当计算时段为 1 天或 10 天时

$$G_{day}\approx 0\quad(4-30)$$

当计算时段为 1 个月时

$$G_{month,i}=0.14(T_{month,i}-T_{month,i-1})\quad(4-31)$$

式中：$G_{month,i}$ 为 i 月的平均气温气温，$℃$；$T_{month,i-1}$ 为 $i-1$ 月的平均气温，$℃$。

第二节　玉米作物系数的确定

一、作物系数的影响因素

作物系数的计算可采用式（4-24）：

$$K_c=\frac{ET}{ET_0}\quad(4-32)$$

式中：ET 为玉米需水量；ET_0 为参考作物蒸发蒸腾量；K_c 为作物系数。ET_0 反映了气象条件对玉米需水量的影响，K_c 则反映了不同作物的差别。

作物系数从作物生理和物理的角度反映出玉米和参照作物之间的特性差异，这些特性差异包括以下三个方面：

（1）空气动力学阻力差异，起因于植株高度不同而引起的动量传输和水汽传输糙率的差别。

（2）表面阻力差异，由叶面积、叶龄条件、气孔开发、地面覆盖率和地面湿润程度不同造成的影响。

（3）反射率差异，这也是由于叶面积、叶龄、地面覆盖率和地面湿润程度不同造成的。

作物系数受土壤、气候、作物生长状况和管理方式等诸多因素影响，因此确定作物系数的主要方法是通过当地的田间试验，在能够控制或监测进出水量的试验小区内实测玉米在水分适宜条件下的需水量，确定参考作物蒸发蒸腾量，利用式（4-24）求作物系数。

二、作物系数的确定

（一）作物系数的估算

在没有试验资料的地区，可以考虑采用估算的方法确定作物系数。玉米需水量包括土面蒸发和植株蒸腾两部分，因此作物系数通常由两部分组成，包含三项系数：

$$K_c = K_s K_{cb} + K_e \tag{4-33}$$

式中：K_{cb} 为基本作物系数，是表土干燥面根区土壤平均含水量满足作物蒸腾时 ET_c/ET_0 的比值；K_s 为水分胁迫系数，反映根区土壤含水量不足时对作物蒸腾的影响；K_e 为土面蒸发系数，反映灌溉或降雨后因表土湿润致使土面蒸发强度短期内增加而对 ET_c 产生的影响。

玉米作物系数的变化过程与生长季节中叶面积指数的变化过程十分相近。播种期和苗期 K_c 值很小，而且土面蒸发系数 K_e 所占比例较大。随着玉米进入快速发育期，叶面积快速增大，K_c 值迅速上升，当玉米冠层发育充分时 K_c 达到最大值，并在一段时期内保持稳定，这一时期玉米基本覆盖地面，土面蒸发的影响相对很小。随着玉米进入成熟期，叶片衰老脱落，K_c 值随之下降。在玉米生长过程中如果出现水分胁迫，则玉米的蒸发蒸腾量会因此而下降，在作物系数中用 K_s 反映，此时的玉米的蒸发蒸腾量为非标准状态下的蒸发蒸腾量。

FAO 推荐的计算标准状态下（无水分胁迫）作物系数的方法有两种：

（1）分段单值平均法，这是一种比较简单实用的计算方法，可用于灌溉系统的规划设计和灌溉管理。

（2）双值作物系数法，该方法需进行逐日水量平衡计算，计算复杂，需要的数据量大，一般只用于灌溉制度的研究和田间水量平衡分析。

（二）分段单值平均作物系数法

把作物系数的变化过程概化为几个阶段，根据各阶段叶面蒸腾和土面蒸发的变化规律，用一个时段平均值表示该阶段的作物系数：

$$K_c = K_{cb} + K_e \qquad (4-34)$$

对玉米而言，作物系数的变化过程可概化为在 4 个阶段的三个值。4 个阶段的划分为：

（1）初始生长期，从播种到玉米覆盖率接近 10%。此阶段内玉米作物系数为 K_{cini}。

（2）快速发育期，从覆盖率 10% 到覆盖率达到 70%～80%；此阶段内作物系数从 K_{cini} 提高到 K_{cmid}。

（3）生育中期，从充分覆盖到成熟期开始，叶片开始变黄。此阶段内作物系数为 K_{cmid}。

（4）成熟期，从叶片开始变黄到生理成熟或收获。此阶段内作物系数从 K_{cmid} 下降到 K_{cend}。

用分段单值平均法计算玉米作物系数步骤如下：

第一步：从"作物需水量计算指南"（FAO-56）的表中查出玉米在特定标准条件下的作物系数。所谓特定标准条件是指在半湿润气候区（空气湿度≈45%；风速≈2m/s），供水充足，管理良好，生长正常，大面积高产的作物条件。

第二步：按当地气候条件调节 K_{cmid} 和 K_{cend} 计算公式为

$$K_{cmid} = K_{cmid(Tab)} + \left[0.04(U_2 - 2) - 0.004(RH_{min} - 45)\right]\left(\frac{h}{3}\right)^{0.3} \qquad (4-35)$$

$$K_{cend} = K_{cend(Tab)} + \left[0.04(U_2 - 2) - 0.004(RH_{min} - 45)\right]\left(\frac{h}{3}\right)^{0.3}$$

$$当\ K_{cend(Tab)} \geqslant 0.45$$

$$K_{cend} = K_{cend(Tab)} \qquad 当\ K_{cend(Tab)} < 0.45$$

式中：U_2 为该生育阶段内 2m 高度处的日平均风速；RH_{min} 为该生育阶段内最低相对湿度的平均值；h 为该生育阶段内作物的平均高度。

如果没有最低相对湿度的实测资料，RH_{min} 可用下式计算：

$$RH_{min} = 100\frac{e^0(T_{min})}{e^0(T_{max})} \qquad (4-36)$$

$$e^0(T) = 0.611\exp\left(\frac{17.27T}{T + 237.3}\right) \qquad (4-37)$$

第三步：计算初始生长期的 K_{cini}。在玉米初始生长期土面蒸发占总腾发量的比重较大，因此计算 K_{cini} 时必须考虑土面蒸发量的影响。一次灌溉或降雨后土面蒸发可分为两个阶段，第一阶段为大气蒸发力控制阶段，此阶段内土面蒸发强度不随表层土壤贮水量变化；第二阶段为土壤水分控制阶段，此阶段内土面蒸发强度随表层土壤贮水量的减少而下降。

（三）基于彭曼-蒙蒂斯公式的玉米作物系数计算结果

根据式（4-32）可以采用彭曼-蒙蒂斯公式计算玉米作物系数，其中实测玉米需水量采用田测试验方法确定，参考作物蒸发蒸腾量采用彭曼蒙-蒂斯公式（Penman-Monteith）计算。

Peman-Monteith 方法使用一般气象资料（湿度、风速、温度和实际日照时数）即可计算日、旬、月的参照作物蒸发蒸腾量，因此我国在计算作物需水量时多采用此公式。

（四）玉米作物系数的计算结果

根据各站的试验资料，分年度求得了玉米需水量，采用彭曼-蒙蒂斯公式计算出相应年度的参考作物蒸发蒸腾量，由此计算出春玉米和夏玉米的作物系数。详见表4-1和表4-2。并且对于具有多年试验资料的试验站计算了作物系数均值，并进行了偏差分析。

（五）作物系数变化规律

（1）由表4-1和表4-2可看出，玉米的作物系数呈单峰变化：播种—出苗期最小，出苗—拔节期逐渐增大，抽雄—灌浆期或拔节—抽雄期达到最大，然后灌浆—收获期减小，这主要是由玉米的作物特性和气象条件综合决定的。春玉米的生育期一般为4月底到9月底或10月初，夏玉米的生育期为6月初到9月底或10月初。在玉米的整个生育期内大气潜在蒸发能力先是逐渐增强到7月、8月达到最大，然后逐渐降低。播种—出苗期，玉米植株很小，气温低，玉米的蒸腾作用较弱，此时主要是棵间蒸发，而此时的大气潜在蒸发能力也相对较弱，所以这一阶段的作物系数最小。随着生长发育的进行，出苗—拔节期为玉米的快速增长期，随着气温的升高和植株的生长发育，叶片逐渐覆盖地面，蒸腾作用增强，田间耗水转变为以叶片蒸腾为主，作物系数快速增加。到抽雄—灌浆期或拔节—抽雄期，玉米植株达到最大，由营养生长转为生殖生长，是玉米的关键需水期，需水量最大，而此时刚好为7月底和8月初，气温高，大气蒸发力最强，所以此阶段的作物系数最大。进入灌浆—成熟期之后，植株逐渐衰老，叶片的蒸腾能力减弱，气温也逐渐降低，大气潜在蒸发力减弱，这一时期的作物系数减小。

（2）由表4-1和表4-2可以看出，作物系数 K_c 值的年际变化情况，尽管各试验站计算出的逐年 K_c 值有差异，但基本上还是在一个小范围内变动的。由表中数值可见，生育阶段 K_c 值的偏差系数要比全生育期的大，这是因为阶段需水量的绝对值小，对误差的敏感性强。而全生育期则有一些误差可以相互抵消，且需水量绝对值又大，对误差敏感性小。偏差系数可以作为评价玉米需水量试验精度的一个指标，偏差系数越小，试验精度越高；反之，试验精度就差。造成这种误差的原因是多方面的,但其中主要因素是对水分供给不能有效控制(主要是降雨量和玉米根系层下界面水分通量),量水精度也不够高。所以人们考虑采用有底坑测以排除玉米根系层下界面水分通量干扰,设置遮雨篷以隔绝降雨,量水采用水表或水桶量水,从而提高玉米需水量数据的精确性。

(3)由表4-1看出,春玉米的整个生育期的作物系数均值为0.84~1.02,阳武河的作物系数最大。由表4-2得出夏玉米的作物系数均值为0.97~1.13,霍泉的作物系数最小为0.97,红旗的作物系数最大为1.13。

(4)由于玉米需水量试验系列较短,而且试验站点较少,上述作物系数在年际间的变化规律和在区域间的变化规律尚有待于进一步试验分析。

表4-1　　　　　　　山西省不同年份春玉米各阶段的作物系数

地区	试验站	项　目	年份	生 育 阶 段					全生育期
				播种—出苗	出苗—拔节	拔节—抽雄	抽雄—灌浆	灌浆—成熟	
运城	夹马口	作物系数 K_c	2008	0.79	0.50	1.07	1.18	0.99	1.14
			2012	0.15	0.56	1.10	1.26	0.62	0.76
		作物系数均值 K_c	2008、2012	0.47	0.53	1.085	1.22	0.805	0.95
		偏差系数 $C_v/\%$		95.95	7.80	2.47	63.31	73.89	28.38
长治晋城	黎城	作物系数 K_c	2005	0.22	1.37	1.39	1.64	0.41	1.43
			2006	0.39	0.61	1.07	0.45	1.31	0.91
			2008	1.14	0.33	1.01	1.57	0.70	1.31
			2012	0.98	0.82	1.11	1.71	0.85	1.36
		作物系数均值 K_c	2005、2006、2008、2012	0.68	0.78	1.15	1.34	0.82	1.00
		偏差系数 $C_v/\%$		65.40	56.20	14.70	44.50	46.00	43.00
晋中	潇河	作物系数 K_c	2006	0.18	0.47	1.34	1.53	0.87	0.82
			2008	0.21	0.33	0.52	1.27	0.21	0.51
			2012	0.33	0.74	1.58	1.22	0.72	1.19
		作物系数均值 K_c	2006、2008、2012	0.24	0.51	1.15	1.34	0.60	0.84
		偏差系数 $C_v/\%$		33.10	40.60	48.50	12.40	57.70	40.50
忻州	阳武河	作物系数 K_c	2012	0.41	0.56	1.14	0.94	0.74	1.02
		作物系数均值 K_c		0.41	0.56	1.14	0.94	0.74	1.02
大同	大同御河	作物系数 K_c	2004	0.28	0.49	1.16	1.15	0.93	0.94
			2006	0.41	0.79	1.31	1.04	0.63	1.16
			2012	0.50	0.44	0.64	1.68	0.98	0.89
		作物系数均值 K_c	2004、2006、2012	0.40	0.57	1.04	1.29	0.85	1.00
		偏差系数 $C_v/\%$		27.90	33.00	33.90	26.50	22.40	14.40

表 4-2　　　　　　　　山西省不同年份夏玉米各阶段的作物系数

地区	试验站	项目	年份	生育阶段				全生育期
				播种—出苗	出苗—抽雄	抽雄—灌浆	灌浆—收获	
临汾	霍泉	作物系数 K_c	2012	0.84	1.02	1.18	0.71	0.97
		作物系数均值 K_c	2012	0.84	1.02	1.18	0.71	0.97
运城	夹马口	作物系数 K_c	2004	0.21	1.09	1.12	1.25	1.18
			2005	0.44	1.10	1.25	0.46	1.01
		作物系数均值 K_c	2004、	0.33	1.10	1.19	0.86	1.10
		偏差系数 C_v/%	2005	50.00	0.60	7.80	65.30	11.00
	鼓水	作物系数 K_c	2008	0.89	0.82	1.26	0.62	1.11
		作物系数均值 K_c	2008	0.89	0.82	1.26	0.62	1.11
	红旗	作物系数 K_c	2007	0.72	1.07	1.25	0.85	1.13
		作物系数均值 K_c	2007	0.72	1.07	1.25	0.85	1.13

第三节　分区玉米需水量的计算

山西省种植春玉米的区域有大同朔州区、忻州区、离石吕梁区、晋中区、长治晋城区、临汾区和运城区。夏玉米主要在临汾区和运城区种植。根据各区试验站的分布状况结合当地气象资料，计算了 6 个地区部分典型县的 5 个不同水文年的玉米需水量。首先，根据降雨资料计算了典型县玉米生育期内历年的降雨量，通过频率分析确定不同水文年（5%、25%、50%、75% 和 95%）下的典型年。然后根据各区县典型年的实际气象资料计算了玉米生育期内的参考作物蒸发蒸腾量 ET_0。

然后再根据表 4-1 和表 4-2 的作物系数和表 3-8 和表 3-9 的适宜含水量下限值，利用消退指数法逐日模拟土壤含水量，达到适宜含水量下限时灌溉，根据玉米生育期内的灌水量、降雨量、深层渗漏量可以计算出山西省不同地区典型县在不同水文年情况下的玉米生育期内的和分阶段的需水量，这为当地的玉米的农田灌溉提供了较接近实际的数据，灌溉时可根据当年的降雨情况初步判断属于哪个典型年，然后在根据表中的数据可知玉米的需水量是多少，结合土壤的水分情况进行灌溉，这样具有很重要的实际意义。可以为当地的玉米的灌溉制度的制定提供可靠的理论依据。

一、各区典型县的确定

根据山西省的地理位置情况将山西省从北到南分为了 6 个地区，大同朔州区、忻州区、离石吕梁区、晋中区、长治晋城区、临汾区和运城区。6个地区均能种植春玉米，临汾区和运城区可以种植夏玉米。每个地区包括不同的县，但是由于同一地区的不同县之间距离较近，气象条件相近，所以本书根据各区的地理位置情况并结合当地气象资料选择了部分典型县计算需水量。

二、典型年的确定

典型年的确定首先是计算各典型县历年玉米生育期内的降雨量，然后进行频率分析，找出5个水文年（5%、25%、50%、75%和95%）对应的年份作为典型年。

下面以晋城市阳城县为例，分析确定典型年。

阳城具有1957—2012年56年的降雨资料，统计分析玉米生长期降雨量，从1956年开始排序直到2012年，序号为1，2，3，4，…，56。序号为m时，按下式计算累计频率：

$$P_m = \frac{m}{n+1} \times 100\% \tag{4-38}$$

山西省阳城县的降雨频率计算结果见表4-3。

表4-3 **山西省阳城县1957—2012年降雨频率计算**

序号	年份	降雨量/mm	排列后的降雨量/mm	排列后的年份	频率/%
1	1957	587.9	728.7	1966	1.75
2	1958	395.6	724.9	1963	3.51
3	1959	421.2	710.4	1996	5.26
4	1960	511.7	649.4	1982	7.02
5	1961	613.7	628.2	2003	8.77
6	1962	726.9	604.4	1984	10.53
7	1963	616.1	596.8	1964	12.28
8	1964	232.4	596.1	1998	14.04
9	1965	731.8	582.0	1958	15.79
10	1966	530.3	560.3	1980	17.54
11	1967	415.9	553.6	2004	19.30
12	1968	332.4	542.0	1988	21.05
13	1969	442.9	541.3	2011	22.81
14	1970	389.9	529.5	1962	24.56

序号	年份	降雨量/mm	排列后的降雨量/mm	排列后的年份	频率/%
15	1971	347.6	515.9	1973	26.32
16	1972	544.5	500.0	1983	28.07
17	1973	419.7	495.1	1992	29.82
18	1974	522.0	492.1	1961	31.58
19	1975	410.0	491.4	1967	33.33
20	1976	431.3	478.4	1975	35.09
21	1977	352.9	463.2	2002	36.84
22	1978	406.6	461.5	1985	38.60
23	1979	560.3	438.4	1990	40.35
24	1980	368.1	435.8	1957	42.11
25	1981	651.5	432.7	1987	43.86
26	1982	547.7	431.1	1977	45.61
27	1983	676.0	428.2	2006	47.37
28	1984	462.2	421.5	1970	49.12
29	1985	319.3	419.1	2000	50.88
30	1986	433.2	413.9	1968	52.63
31	1987	544.1	406.5	1976	54.39
32	1988	391.4	401.1	1960	56.14
33	1989	471.6	399.4	2005	57.89
34	1990	296.1	394.8	1974	59.65
35	1991	503.9	390.6	1979	61.40
36	1992	324.8	385.1	1989	63.16
37	1993	321.3	382.0	2008	64.91
38	1994	388.1	380.6	1971	66.67
39	1995	710.5	377.7	1995	68.42
40	1996	239.9	376.3	2010	70.18
41	1997	596.1	376.0	2007	71.93
42	1998	357.8	374.8	1959	73.68
43	1999	440.3	352.6	1978	75.44

续表

序号	年份	降雨量/mm	排列后的降雨量/mm	排列后的年份	频率/%
44	2000	288.5	345.6	1972	77.19
45	2001	466.3	327.3	1981	78.95
46	2002	686.1	324.5	1993	80.70
47	2003	579.9	321.2	1994	82.46
48	2004	496.0	320.2	1999	84.21
49	2005	458.4	295.5	1986	85.96
50	2006	405.0	284.4	2009	87.72
51	2007	437.3	280.1	1991	89.47
52	2008	284.5	261.5	2012	91.23
53	2009	384.0	236.5	1997	92.98
54	2010	564.4	235.6	2001	94.74
55	2011	265.9	231.1	1965	96.49
56	2012	145.3	212.4	1969	98.25

频率分析如图 4-1 所示。

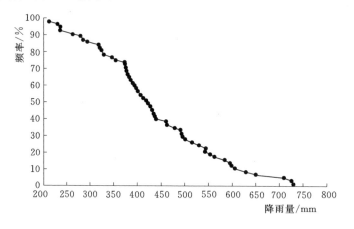

图 4-1 山西省阳城县降雨量频率

由图 4-1 可以直观地看出不同频率下的降雨量的变化趋势，频率越低相应的降雨量越大。

由表 4-3 可以得到不同频率下相应的年份和降雨量，对于其他个典型县均可以按上述步骤进行保证计算，并进行频率分析，得出 5 个不同典型水文年的降雨量及相应的典型年，见表 4-4。

表 4 - 4　　　　不同站点典型水文年下的降雨量及相应的典型年　　　　单位：mm

地区	典型县	水文年	典型年	生育期降雨量	播种—拔节降雨量	拔节—抽雄降雨量	抽雄—灌浆降雨量	灌浆—收获降雨量
大同朔州	大同	5%	1959	424.6	87.1	74.9	115.8	146.8
		25%	1981	349.0	60.2	102.5	141.6	44.7
		50%	1991	324.4	142.7	44.8	93.2	43.7
		75%	1980	244.9	107.1	12.6	34.6	90.6
		95%	2009	179.4	35.9	34.2	35.4	73.9
忻州	原平	5%	1995	620.2	68.3	91.8	192.9	267.2
		25%	1994	440.1	63.5	139.1	152.7	84.8
		50%	2004	357.5	59.5	122.8	77.7	97.5
		75%	1999	279.7	33.4	67.6	20.8	157.9
		95%	1986	180.7	47.3	82.0	17.7	33.7
	河曲	5%	1964	431.1	66.5	7.9	75.0	281.7
		25%	1958	387.7	58.8	29.5	168.5	130.9
		50%	1985	304.2	56.0	34.9	69.2	144.1
		75%	1962	209.8	40.1	66.7	91.5	11.5
		95%	1965	147.4	21.6	46.3	57.4	22.1
	五寨	5%	1967	568.4	57.9	52.2	263.5	194.8
		25%	2007	413.4	66.2	45.1	139.0	163.1
		50%	1976	365.8	62.6	64.0	78.3	160.9
		75%	1986	301.0	85.5	69.5	69.1	76.9
		95%	1972	179.3	22.7	18.2	42.7	95.7
离石	兴县	5%	1988	595.4	129.0	130.6	174.9	160.9
		25%	2000	438.9	68.8	101.3	196.7	72.1
		50%	2003	333.0	76.3	42.7	86.7	127.3
		75%	1984	282.9	124.3	54.8	27.8	76.0
		95%	1955	219.3	12.0	28.1	46.9	132.3
	离石	5%	1964	537.5	83.7	88.5	92.4	272.9
		25%	2003	378.9	69.3	56.0	126.1	127.5
		50%	1991	491.1	28.1	181.3	170.5	111.2
		75%	1984	335.7	141.2	62.8	65.2	66.5
		95%	1979	269.0	89.9	75.1	55.0	49.0

续表

地区	典型县	水文年	典型年	生育期 降雨量	播种—拔节 降雨量	拔节—抽雄 降雨量	抽雄—灌浆 降雨量	灌浆—收获 降雨量
晋中	太原	5%	1996	560.9	133.0	159.6	142.3	126.0
		25%	1978	391.1	32.4	22.2	137.7	198.8
		50%	2004	316.6	58.1	65.6	103.6	89.3
		75%	1990	265.2	30.8	57.0	30.0	147.4
		95%	1997	169.6	4.9	66.3	67.2	31.2
	介休	5%	1964	565.2	94.5	105.2	140.3	225.2
		25%	1984	385.2	86.5	124.2	114.2	60.3
		50%	2010	355.1	39.5	29.4	5.4	280.8
		75%	1970	275.3	75.9	96.5	49.4	53.5
		95%	1965	197.4	39.1	36.1	90.3	31.9
	阳泉	5%	1995	641.0	112.4	45.1	135.5	348.0
		25%	1976	500.7	28.5	18.1	192.6	261.5
		50%	1978	399.8	32.0	22.4	101.2	244.2
		75%	1987	328.2	133.4	92.9	13.7	88.2
		95%	1991	264.4	110.7	15.1	48.5	90.1
	榆社	5%	1973	583.0	132.6	104.2	92.1	254.1
		25%	1964	361.8	92.5	75.6	82.3	111.4
		50%	1983	389.7	122.4	42.5	122.9	101.9
		75%	1980	346.2	81.8	86.5	19.0	158.9
		95%	1986	198.4	40.0	51.8	76.1	30.5
长治	长治	5%	2003	652.4	123.2	123.2	144.2	261.8
		25%	2011	511.7	133.8	60.6	97.8	219.5
		50%	1992	368.3	120.6	114.0	57.7	76.0
		75%	1987	346.4	139.5	73.0	40.8	93.1
		95%	1997	199.5	47.6	2.5	76.9	72.5
	阳城	5%	1996	697.9	92.9	109.7	359.1	136.2
		25%	1962	519.5	43.9	93.6	243.9	138.1
		50%	2000	391.1	131.1	102.7	107.1	50.2
		75%	1978	352.4	86.6	109.2	111.9	44.7
		95%	2001	208.5	23.4	36.3	122.3	26.5

地区	典型县	水文年	典型年	生育期降雨量	播种—拔节降雨量	拔节—抽雄降雨量	抽雄—灌浆降雨量	灌浆—收获降雨量
临汾	临汾	5%	1966	502.9	118.1	280.7	18.5	85.6
		25%	1996	367.6	93.3	179.2	21.5	73.6
		50%	1979	326.1	135.0	89.2	51.3	50.6
		75%	2001	250.3	28.8	118.2	10.4	92.9
		95%	1991	174.8	36.8	68.3	14.6	55.1
	隰县	5%	1993	548.5	80.3	301.9	114.6	51.5
		25%	1962	454.9	57.3	176.7	71.5	149.4
		50%	2012	363.4	89.1	102.5	72.4	99.4
		75%	2008	258.0	59.1	35.2	62.2	101.5
		95%	1997	200.9	18.1	113.1	3.0	66.7
	侯马	5%	2003	436.3	33.5	160.3	124.3	118.2
		25%	1998	366.5	227.1	66.9	48.1	24.4
		50%	1992	280.5	34.3	114.0	45.5	86.7
		75%	2008	236.7	42.7	42.8	92.4	58.8
		95%	1991	137.8	32.6	14.5	25.6	65.1
运城	运城	5%	2007	518.1	116.7	250.2	69.3	81.9
		25%	1998	360.7	160.0	88.3	92.1	20.3
		50%	1995	304.9	28.8	183.0	53.4	39.7
		75%	1987	251.9	96.1	87.4	44.5	23.9
		95%	1991	181.7	50.5	25.8	29.5	75.9

三、分区玉米需水量计算

对于玉米，在整个生育期中任何一个时段 t，土壤计划湿润层 H 内贮水量的变化可以用水量平衡方程表示：

$$W_t - W_0 = W_r + P_0 + K + M - ET \tag{4-39}$$

式中：W_t、W_0 为时段初和任一时间 t 时的土壤计划湿润层内的贮水量；W_r 为由于计划湿润层增加而增加的水量，如计划湿润层在时段内无变化则无此项；P_0 为保存在土壤计划湿润层内的有效雨量；K 为时段 t 内的地下水补给量；M 为时段 t 内的灌溉水量；ET 为时段 t 内的玉米需水量。以上各值可以用 mm 计。

将式（4-39）变形可以用来计算玉米生育期内的需水量 ET：

$$ET = W_r + P_0 + K + M - W_t + W_0 \tag{4-40}$$

其中 $ET = K_c ET_0$，ET_0 利用彭曼-蒙蒂斯公式进行计算。不同区不同生育

阶段玉米作物系数 K_c 值的取值见表 4-1 和表 4-2。玉米生育期各生育阶段的划分见表 4-5。

表 4-5　　　　　　　　山西省不同地区玉米生育阶段的划分

地区	项目	生育阶段				
		播种—拔节	拔节—抽雄	抽雄—灌浆	灌浆—收获	生育期
运城	日期/(月.日)	6.10—7.10	7.11—8.10	8.11—8.30	8.31—9.30	6.10—9.30
	天数/d	31	31	20	31	113
大同	日期/(月.日)	4.25—6.30	7.1—7.20	7.21—8.10	8.11—9.17	4.25—9.17
	天数/d	66	20	21	39	146
忻州	日期/(月.日)	5.1—6.25	6.26—7.16	7.17—8.10	8.11—9.22	5.1—9.22
	天数/d	56	21	25	43	145
离石	日期/(月.日)	5.1—6.21	6.22—7.12	7.13—8.8	8.9—9.20	5.1—9.20
	天数/d	52	21	27	43	143
晋中	日期/(月.日)	5.1—6.20	6.21—7.10	7.11—8.5	8.6—9.16	5.1—9.16
	天数/d	51	20	26	42	139
长治晋城	日期/(月.日)	5.5—6.25	6.26—7.15	7.16—8.8	8.9—9.18	5.5—9.18
	天数/d	52	20	24	41	137
临汾	日期/(月.日)	6.10—7.10	7.11—8.10	8.11—8.30	8.31—9.30	6.10—9.30
	天数/d	31	31	20	31	113

　　利用土壤水分消退指数法对土壤含水率进行逐日模拟,当土壤含水量小于玉米各生育阶段的适宜土壤含水量下限时,即进行灌溉。每次灌水定额根据各试验站历年的试验资料,取为 75mm,玉米不同生育阶段的适宜含水量下限值不同,取值见表 3-8 和表 3-9。当模拟的土壤含水量大于田间持水量时,即发生深层渗漏,深层渗漏量为模拟的土壤水量减去田间持水量。

　　在把玉米整个生育期看作一个时段的情况下,相当于在玉米整个生育期内,土壤贮水量均按一个深度计算,故 $W_r=0$。

　　有效降雨量 P_0 过大会产生深层渗漏,在模拟过程中如果土壤含水量的模拟值大于田间持水量则产生了深层渗漏,渗漏量等于土壤贮水量的模拟值减去田间持水量。

　　有效降雨量是降雨量减去深层渗漏量。

　　地下水补给量 K 依地下水埋深不同而变化,由于山西各试验站的地下水埋深较大,地下水补给量不予考虑。

　　根据上述分析,分区求出了 5 种水文年的充分供水条件下的玉米需水量,见表 4-6。由表 4-6 中数值看出,从 5%、25%、50%、75% 到 95% 的水文年来看,

表4-6　　　　　　山西省不同地区典型水文年的玉米需水量　　　　单位：mm

地区	典型县	水文年	播种— 拔节	拔节— 抽雄	抽雄— 灌浆	灌浆— 收获	生育期	日均 需水量	典型年
大同	大同	5%	163.4	91.7	88.9	101.6	445.6	3.1	1959
		25%	195.4	95.4	88.8	106.4	486.0	3.3	1981
		50%	172.4	114.9	102.0	132.2	521.5	3.6	1991
		75%	191.7	101.6	116.1	104.5	513.9	3.5	1980
		95%	223.3	116.4	102.6	115.9	558.2	3.8	2009
晋中区	介休	5%	92.0	78.3	89.0	111.4	370.7	2.7	1964
		25%	88.0	64.8	97.1	126.7	376.6	2.7	1984
		50%	106.5	77.3	109.9	89.2	382.8	2.8	2010
		75%	92.8	93.2	114.1	117.2	417.3	3.0	1970
		95%	113.9	95.4	121.6	136.1	467.0	3.4	1965
	太原	5%	100.2	81.3	70.7	110.1	362.3	2.6	1996
		25%	110.3	94.5	106.7	107.6	419.1	3.0	1978
		50%	94.2	99.4	100.1	104.2	398.0	2.9	2004
		75%	94.4	80.2	120.5	122.4	417.5	3.0	1990
		95%	120.0	93.4	126.2	155.9	495.4	3.6	1997
	阳泉	5%	98.3	92.2	83.4	94.5	368.4	2.7	1995
		25%	130.4	88.8	80.0	107.6	406.7	2.9	1976
		50%	129.8	113.4	101.7	101.9	446.7	3.2	1978
		75%	96.7	70.9	129.1	132.4	429.2	3.1	1987
		95%	89.7	93.3	114.7	114.6	412.2	3.0	1991
	榆社	5%	96.6	75.9	113.9	108.9	395.3	2.8	1973
		25%	92.5	75.6	82.3	111.4	361.8	2.6	1964
		50%	88.2	73.6	109.8	102.0	373.7	2.7	1983
		75%	101.8	81.5	122.7	106.5	412.5	3.0	1980
		95%	99.4	83.6	115.4	124.1	422.4	3.0	1986
离石	离石	5%	112.0	74.8	111.8	106.9	405.5	2.8	1964
		25%	111.5	86.0	123.9	129.5	450.8	3.2	1975
		50%	113.6	83.7	124.8	104.3	426.4	3.0	1977
		75%	112.2	83.1	124.6	129.6	449.4	3.1	1984
		95%	136.6	123.3	177.6	136.9	574.3	4.0	1998
	兴县	5%	119.8	82.9	108.9	103.7	415.4	2.9	1988
		25%	111.5	86.0	123.9	129.5	450.8	3.2	2000
		50%	105.5	85.6	118.5	120.1	429.7	3.0	2003
		75%	112.2	83.1	124.6	129.6	449.4	3.1	1984
		95%	136.5	123.3	177.6	136.9	574.3	4.0	1955

续表

地区	典型县	水文年	播种—拔节	拔节—抽雄	抽雄—灌浆	灌浆—收获	生育期	日均需水量	典型年
长治晋城	阳城	5%	114.7	78.6	74.7	97.2	365.2	2.7	1996
		25%	138.5	80.1	97.5	108.7	424.9	3.1	1962
		50%	117.7	74.0	83.7	114.3	389.7	2.8	2000
		75%	124.5	70.0	105.0	108.0	407.4	3.0	1978
		95%	125.9	101.5	108.4	107.4	443.3	3.2	2001
	长治	5%	113.7	66.3	83.8	83.8	347.6	2.5	2003
		25%	111.8	74.8	84.3	79.4	350.3	2.6	2011
		50%	119.5	73.7	114.9	89.0	397.1	2.9	1992
		75%	106.8	74.9	105.1	115.4	402.2	2.9	1987
		95%	123.7	82.7	106.3	140.0	452.6	3.3	1997
忻州	河曲	5%	122.8	85.4	108.6	123.7	440.5	3.0	1964
		25%	128.7	124.0	133.3	119.6	505.6	3.5	1961
		50%	121.8	94.5	114.6	113.2	444.1	3.1	1957
		75%	127.7	104.4	99.0	148.3	479.5	3.3	1997
		95%	134.9	103.0	118.8	153.1	509.8	3.5	1965
	五寨	5%	125.1	92.2	89.6	99.0	405.9	2.8	1966
		25%	113.2	90.1	92.9	112.7	408.9	2.8	1960
		50%	117.3	97.6	86.8	100.1	401.7	2.8	2010
		75%	114.2	92.4	109.9	115.3	431.9	3.0	1959
		95%	149.7	105.8	127.2	120.0	502.6	3.5	1971
	原平	5%	117.5	102.5	93.1	86.9	400.1	2.8	1995
		25%	121.0	87.9	104.8	134.7	448.5	2.6	1994
		50%	114.6	91.5	91.7	96.0	393.8	2.7	2004
		75%	117.3	94.5	131.1	122.1	465.0	3.2	1999
		95%	130.1	106.0	120.4	137.9	494.4	3.4	1986
临汾	临汾	5%	104.1	123.1	83.7	62.8	373.7	3.3	1966
		25%	92.7	99.1	73.0	58.8	323.5	2.9	1996
		50%	91.4	129.6	76.8	64.7	362.5	3.2	1979
		75%	106.3	139.2	75.6	61.1	382.2	3.4	2001
		95%	102.8	157.8	91.6	83.4	435.6	3.9	1991

续表

地区	典型县	水文年	播种—拔节	拔节—抽雄	抽雄—灌浆	灌浆—收获	生育期	日均需水量	典型年
临汾	隰县	5%	86.5	110.2	58.3	71.5	326.5	2.9	1993
		25%	91.4	112.9	80.1	72.6	356.9	3.2	1962
		50%	88.0	111.4	69.1	59.9	328.3	2.9	2012
		75%	84.1	130.8	73.3	67.6	355.8	3.1	2008
		95%	101.3	132.8	104.2	90.0	428.2	3.8	1997
	侯马	5%	92.5	109.5	60.5	57.4	319.8	2.8	2003
		25%	87.8	123.3	68.0	84.6	363.9	3.2	1998
		50%	104.7	143.3	72.6	62.6	383.2	3.4	1992
		75%	83.7	132.3	73.4	68.2	357.6	3.2	2008
		95%	105.2	161.1	85.3	88.8	440.3	3.9	1991
运城	运城	5%	77.1	111.6	84.5	60.6	333.9	3.0	2007
		25%	104.1	136.6	75.0	102.5	418.3	3.7	1998
		50%	137.2	163.2	74.4	94.3	469.1	4.2	1995
		75%	88.5	152.8	101.4	114.6	457.3	4.0	1987
		95%	105.0	168.7	91.7	95.7	461.1	3.4	1991

玉米生育期内的降雨量是越来越少，如大同玉米生育期内的降雨量从424.6mm降到179.4mm。从区域分布上分析，玉米生育期内的降雨量晋北地区小于晋南，晋东南最大其次是晋中和离石地区。

在同一试验站不同水文年的玉米需水量不同，5%水文年的需水量最小，95%水文年的需水量最大，基本上是随着频率的增加而增大，因为5%水文年降水量多，空气湿润，玉米潜在蒸发蒸腾量小，而95%水文年降水量小，空气干燥，温度高，玉米潜在蒸发蒸腾量大。比如晋中地区的介休县，5%、25%、50%、75%、95%水文年玉米全生育期内的需水量分别是370.7mm、376.7mm、382.8mm、417.3mm和467.0mm。有的典型县的需水量也会出现50%水文年比25%的需水量大的情况，如晋中地区的太原，5个水文年的需水量分别为362.3mm、419.1mm、398.0mm、417.5mm和495.4mm，这与生育期内的降雨量的分布情况有关，如果降雨量在生育期内分布均匀，且雨量大小也较均匀，则需水量相对较小，在生育期内分布不均匀，且有多次过大降雨，需水量就相对较大，就会出现即使在降雨频率较低的年份其相应的需水量也比较高的现象。但是需水量基本上是随着降雨频率的增加而增加。

春玉米整个生育期内的需水量为347.6～574.3mm，平均为433.3mm。夏玉米整个生育期内的需水量为 319.8～469.1mm，平均为 383.9mm。主要是由于夏玉米生育期比春玉米短的原因。春玉米日均需水量为 3.12mm，而夏玉米为 3.44mm。玉米的日均需水量基本上是随着降雨频率的增加而增加，这是因为 5%水文年的空气比较湿润，气温相对较低，玉米的蒸发蒸腾量相对较小，而降雨频率越大，降水越少，空气干燥，气温相对较高，日照时间较长，玉米的蒸发蒸腾量大的缘故。

对于春玉米，从生育阶段的需水量来看，越往北部，播种—拔节阶段的需水量越大，这一阶段的需水量在整个生育期内最大，越往南这一阶段的需水量逐渐减小，且在整个生育期内所占的比重也由北向南减小。如大同县 50%水文年的需水量为 521.5mm，播种—拔节阶段的需水量为 172.4mm，离石 50%水文年的需水量为 426.4mm，播种—拔节阶段的需水量为 113.4mm。主要是由于这一阶段的时间长度从北向南逐渐减小，大同播种—拔节阶段为 66 天，忻州 56 天，离石 52 天，晋中 51 天。

运城和临汾地区播种夏玉米，从生育阶段的需水量来看，夏玉米的拔节—抽雄阶段需水量最大，其次为播种—拔节阶段。

第五章 充分供水灌溉制度

第一节 灌溉制度的概念及其拟定方法

玉米的灌溉制度是指玉米播种前及全生育期内的灌水次数、每次的灌水日期和灌水定额以及灌溉定额。灌水定额是指一次灌水单位灌溉面积上的灌水量，各次灌水定额之和，称为灌溉定额。灌水定额和灌溉定额常以 mm 表示，它是灌区规划及管理的重要依据。

玉米灌溉制度，根据灌溉供水是否能够满足玉米的需水要求，可分充分供水的灌溉制度和非充分供水的灌溉制度。充分供水灌溉制度是指充分的满足玉米的需水要求，而不因为供水不足使玉米减产，其追求目标是充分满足玉米需水要求达到高产，充分供水的灌溉制度也称为丰产灌溉制度或高产灌溉制度。要求玉米根系层土壤含水量或土壤水势控制在某一适宜范围内。当土壤水分因玉米蒸发蒸腾耗水降低到或接近于适宜土壤含水量下限时，即进行灌溉。充分灌溉作为灌溉用水管理和灌溉制度设计基本理论依据，一直延续至今。然而，由于水资源紧缺，在灌溉用水管理实践中，充分灌溉的运行实践很难实现，特别是在干旱缺水地区。

充分供水灌溉制度的拟定方法有以下几种。

一、调查方法

通过走访调查当地的种植情况，总结灌水的时间、定额和次数，这个主要依据当地的普遍种植模式，历年来的情况。但是对于某一年，可能不是最好的灌溉制度。

二、试验资料分析法

通过田间试验资料，对比分析，产量最大的处理，对应的灌水时间、定额及次数就是充分供水的灌溉制度。

三、水量平衡法

玉米充分供水的灌溉制度是指以满足玉米需水要求获得高产为目标的灌溉制度，应根据玉米需水规律和降雨分布等，按水量平衡原理分析制定。本书中的充分供水的灌溉制度就是采用此法。

用水量平衡分析法制定玉米的灌溉制度时，通常以玉米主要根系吸水层作为灌水时的土壤计划湿润层，在整个生育期内计划湿润层 $H=1\text{m}$，并要求该土层内的贮水量能保持在玉米所要求的范围内，土壤计划湿润层水量平衡如图 5-1所示。

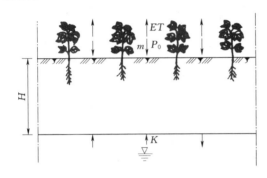

图 5-1　土壤计划湿润层水量平衡示意图

对于玉米，在整个生育期中任何一个时段 t，土壤计划湿润层 H 内贮水量的变化可以用水量平衡方程表示：

$$W_t - W_0 = W_r + P_0 + K + M - ET$$

$$(5-1)$$

式中：W_t、W_0 为时段初和任意时间 t 时的土壤计划湿润层内的贮水量；W_r 为由于计划湿润层增加而增加的水量，如计划湿润层在时段内无变化则无此项；P_0 为保存在土壤计划湿润层内的有效雨量；K 为时段 t 内的地下水补给量；M 为时段 t 内的灌溉水量；ET 为时段 t 内的作物田间需水量。以上各值可以用 mm 计。

则式中 $W_t - W_0$ 为玉米播前水利用量，在一般试验中，为保证玉米正常出苗，常根据播前土壤墒情进行播前灌溉，所以播前土壤贮水量是一个较为稳定的值，而玉米收获时的土壤贮水量，则依玉米生育期内的降水量、需水量和地下水埋深有较大变化。李艳（李艳，2008）表明，灌溉、降水和作物根系吸水主要影响 0～80cm 土壤含水量，造成该层的土壤含水量在夏玉米生长期间变化较大。由于上层土壤水分充足，促进了根系的发育，使得下层（80cm 以下）根系分布较少，水量利用较低，造成土壤水分变化量较小。吴永成（吴永成，2005）等在吴桥研究得到 0～80cm 土层玉米根系占总量的 95% 以上，而 100cm 以下占总量不足 1%，提出根系吸水对 100cm 以下土壤含水量影响较小。因此本书综合上述结论在计算玉米的灌溉制度时选用 1m 土层内的土壤贮水量进行计算，求得玉米的充分及非充分灌溉制度，以及求得玉米分区播前水利用量。播前水利用量等于玉米收获时的土壤含水量减去播种时的土壤含水量。

玉米生育期内的逐日需水量 ET_c 利用下式进行计算：

$$ET_c = K_c ET_0$$

$$(5-2)$$

其中 ET_0 利用彭曼公式进行计算。不同区不同生育阶段玉米作物系数 K_c 值的取值见表 4-1 和表 4-2。玉米生育期各生育阶段的划分见表 4-5。

为了求得时段末的土壤含水量，利用土壤水分消退指数法对土壤含水量进行逐日模拟，其原理可以参见本书第三章相关内容，模拟公式为式（3-5）。当土壤含水量小于玉米各生育阶段的适宜土壤含水量下限时，即进行灌溉。每次灌水定额根据各试验站历年的试验资料，取为 75mm，玉米不同生育阶段的适宜含水量下限值不同。当逐日模拟的土壤含水量大于田间持水量时，即发生深层渗漏，深层渗漏量为模拟的土壤含水量减去田间持水量。

在把玉米整个生育期看作一个时段的情况下，相当于在玉米整个生育期内，土壤贮水量均按一个深度计算，故 $W_r = 0$。在本书中玉米的计算含水层深度取为 1m。

有效降雨量 P_0，过大雨量会产生深层渗漏，有效降雨量是降雨量减去深层渗漏量。

地下水补给量 K 依地下水埋深不同而变化，由于山西省各试验站的地下水埋深较大，地下水补给量不予考虑。

第二节　分区充分供水灌溉制度

一、充分供水灌溉制度计算

下面以运城为例，介绍充分供水灌溉制度的计算过程：

首先确定各参数值，运城地区的各参数取值见表 5-1。

表 5-1　　　　山西省运城地区田间持水率、土壤容重等参数取值表

田间持水率/%	21.60	临界土壤贮水量 W_j/mm	213.84
计算深度/m	1.0	初始土壤含水率/%	17.28
土壤容重/(g/cm³)	1.32		

运城地区的适宜土壤含水量下限值参见表 3-6，作物系数取值参见表 4-2。运城地区夏玉米生育期共分为 4 个阶段：播种—拔节、拔节—抽雄、抽雄—灌浆、灌浆—收获，全生育期共 113 天，见表 5-2。

表 5-2　　　　　　　山西省运城地区夏玉米生育阶段划分

生　育　阶　段				
播种—拔节	拔节—抽雄	抽雄—灌浆	灌浆—收获	生育期
6.10—7.10	7.11—8.10	8.11—8.30	8.31—9.30	6.10—9.30
31	31	20	31	113

为了求得时段末的土壤贮水量，利用水量平衡方程对土壤贮水量进行逐日模拟，当土壤贮水量小于玉米各生育阶段的适宜土壤贮水量下限时，即进行灌溉。

表 5-3 为 50% 水文年的灌溉制度的求解数据。当模拟土壤储水量低于生育阶段的灌水下限土壤贮水量时则灌水，灌水定额为 75mm，从表 5-3 中可以看出，当 6 月 30 日、7 月 13 日、9 月 5 日显示灌水。播前土壤水利用量为播种日 6 月 10 日的初始土壤贮水量与 9 月 30 日的模拟土壤贮水量之差为 1.6mm。有效

降雨量为实际降雨量减去渗漏量为 242.5mm。生育期内的总耗水量为播前土壤水利用量、降水量、灌水量之和再减去深层渗漏量，为 469.1mm。

表 5-3　　　　　　　　　山西省运城夏玉米充分灌溉制度计算结果

日期 /(年.月.日)	W_0 /mm	W_t /mm	K_c	ET_0 /mm	ET_m /mm	降水量 /mm	灌水量 /mm	渗漏量 /mm	有效降水量 /mm
1995.6.10	228.1	225.4	0.66	4.1	2.7	0	0	0	0
1995.6.11	225.4	222.2	0.66	4.8	3.2	0	0	0	0
1995.6.12	222.2	217.0	0.66	7.9	5.2	0	0	0	0
1995.6.13	217.0	212.3	0.66	7.1	4.7	0	0	0	0
1995.6.14	212.3	209.8	0.66	3.8	2.5	0	0	0	0
1995.6.15	209.8	205.1	0.66	7.1	4.7	0	0	0	0
1995.6.16	205.1	206.6	0.66	3.3	2.2	3.7	0	0	3.7
1995.6.17	206.6	205.0	0.66	5.4	3.5	1.9	0	0	1.9
1995.6.18	205.0	201.7	0.66	5.0	3.3	0	0	0	0
1995.6.19	201.7	195.5	0.66	9.4	6.2	0	0	0	0
1995.6.20	195.5	192.5	0.66	5.4	3.6	0.6	0	0	0.6
1995.6.21	192.5	192.0	0.66	6.4	4.2	3.7	0	0	3.7
1995.6.22	192.0	205.1	0.66	5.4	3.6	16.7	0	0	16.7
1995.6.23	205.1	203.6	0.66	2.3	1.5	0	0	0	0
1995.6.24	203.6	199.5	0.66	6.2	4.1	0	0	0	0
1995.6.25	199.5	195.5	0.66	6.0	4.0	0	0	0	0
1995.6.26	195.5	192.0	0.66	5.3	3.5	0	0	0	0
1995.6.27	192.0	187.0	0.66	7.6	5.0	0	0	0	0
1995.6.28	187.0	181.4	0.68	8.3	5.6	0	0	0	0
1995.6.29	181.4	179.9	0.69	5.0	3.5	2	0	0	2
1995.6.30	179.9	175.7	0.71	6.1	4.3	0.1	75	0	0.1
1995.7.1	250.7	246.5	0.72	5.8	4.2	0	0	0	0
1995.7.2	246.5	242.1	0.74	5.9	4.4	0	0	0	0
1995.7.3	242.1	236.1	0.76	8.0	6.1	0	0	0	0
1995.7.4	236.1	230.6	0.77	7.0	5.4	0	0	0	0
1995.7.5	230.6	224.9	0.79	7.3	5.8	0	0	0	0
1995.7.6	224.9	217.0	0.80	9.8	7.9	0	0	0	0
1995.7.7	217.0	210.3	0.82	8.2	6.7	0	0	0	0
1995.7.8	210.3	204.7	0.84	6.6	5.5	0	0	0	0
1995.7.9	204.7	198.7	0.85	7.1	6.1	0	0	0	0
1995.7.10	198.7	194.7	0.87	4.7	4.0	0.1	0	0	0.1
1995.7.11	194.7	188.7	0.88	6.8	6.0	0	0	0	0
1995.7.12	188.7	181.2	0.90	8.3	7.5	0	0	0	0

续表

日期 /(年.月.日)	W_0 /mm	W_t /mm	K_c	ET_0 /mm	ET_m /mm	降水量 /mm	灌水量 /mm	渗漏量 /mm	有效降水量 /mm
1995.7.13	181.2	178.1	0.92	6.5	5.9	2.8	75	0	2.8
1995.7.14	253.1	248.8	0.93	4.6	4.3	0	0	0	0
1995.7.15	248.8	248.8	0.95	2.9	2.8	2.8	0	0	2.8
1995.7.16	248.8	245.9	0.96	3.1	3.0	0	0	0	0
1995.7.17	245.9	238.6	0.98	7.5	7.4	0.1	0	0	0.1
1995.7.18	238.6	284.7	0.99	3.3	3.3	49.4	0	0	49.4
1995.7.19	284.7	282.3	1.01	2.5	2.5	0.1	0	0	0.1
1995.7.20	282.3	276.4	1.03	5.7	5.8	0	0	0	0
1995.7.21	276.4	269.9	1.04	6.2	6.5	0	0	0	0
1995.7.22	269.9	287.8	1.06	3.6	3.8	21.7	0	2.7	19.0
1995.7.23	285.1	281.7	1.07	3.2	3.5	0	0	0	0
1995.7.24	281.7	337.9	1.09	2.0	2.2	58.4	0	52.8	5.6
1995.7.25	285.1	292.0	1.11	3.6	4.0	10.9	0	6.9	4.0
1995.7.26	285.1	279.1	1.12	5.3	6.0	0	0	0	0
1995.7.27	279.1	273.1	1.14	5.3	6.1	0	0	0	0
1995.7.28	273.1	265.2	1.15	6.8	7.9	0	0	0	0
1995.7.29	265.2	258.4	1.17	5.8	6.8	0	0	0	0
1995.7.30	258.4	251.7	1.17	5.7	6.6	0	0	0	0
1995.7.31	251.7	244.1	1.17	6.5	7.7	0	0	0	0
1995.8.1	244.1	237.0	1.17	6.1	7.1	0	0	0	0
1995.8.2	237.0	249.6	1.17	2.3	2.7	15.3	0	0	15.3
1995.8.3	249.6	244.0	1.17	4.7	5.5	0	0	0	0
1995.8.4	244.0	238.5	1.17	4.8	5.6	0	0	0	0
1995.8.5	238.5	233.3	1.17	4.5	5.2	0	0	0	0
1995.8.6	233.3	252.3	1.17	2.1	2.5	21.5	0	0	21.5
1995.8.7	252.3	247.1	1.17	4.4	5.2	0	0	0	0
1995.8.8	247.1	240.4	1.17	5.7	6.7	0	0	0	0
1995.8.9	240.4	233.8	1.17	5.7	6.7	0	0	0	0
1995.8.10	233.8	227.2	1.17	5.6	6.6	0	0	0	0
1995.8.11	227.2	224.1	1.17	3.1	3.6	0.5	0	0	0.5
1995.8.12	224.1	221.6	1.17	2.3	2.7	0.2	0	0	0.2
1995.8.13	221.6	220.4	1.17	2.9	3.4	2.3	0	0	2.3
1995.8.14	220.4	216.9	1.17	3.0	3.5	0	0	0	0
1995.8.15	216.9	212.8	1.17	3.5	4.1	0	0	0	0
1995.8.16	212.8	212.0	1.17	3.4	4.0	3.1	0	0	3.1
1995.8.17	212.0	209.0	1.17	2.7	3.2	0.2	0	0	0.2

续表

日期 /(年.月.日)	W_0 /mm	W_t /mm	K_c	ET_0 /mm	ET_m /mm	降水量 /mm	灌水量 /mm	渗漏量 /mm	有效降水量 /mm
1995.8.18	209.0	202.7	1.17	5.4	6.3	0	0	0	0
1995.8.19	202.7	196.4	1.17	5.4	6.3	0	0	0	0
1995.8.20	196.4	205.0	1.17	2.7	3.1	11.7	0	0	11.7
1995.8.21	205.0	213.7	1.17	1.2	1.4	10.1	0	0	10.1
1995.8.22	213.7	228.4	1.17	2.1	2.4	17.1	0	0	17.1
1995.8.23	228.4	224.3	1.17	3.5	4.1	0	0	0	0
1995.8.24	224.3	222.0	1.17	2.0	2.3	0	0	0	0
1995.8.25	222.0	217.7	1.17	3.7	4.3	0	0	0	0
1995.8.26	217.7	212.2	1.17	4.7	5.5	0	0	0	0
1995.8.27	212.2	207.2	1.17	4.2	5.0	0	0	0	0
1995.8.28	207.2	202.4	1.17	4.1	4.8	0	0	0	0
1995.8.29	202.4	204.7	1.17	2.1	2.5	4.8	0	0	4.8
1995.8.30	204.7	206.2	1.17	1.6	1.9	3.4	0	0	3.4
1995.8.31	206.2	200.7	1.17	4.7	5.5	0	0	0	0
1995.9.1	200.7	195.3	1.17	4.6	5.4	0	0	0	0
1995.9.2	195.3	189.3	1.17	5.1	5.9	0	0	0	0
1995.9.3	189.3	185.2	1.17	3.5	4.1	0	0	0	0
1995.9.4	185.2	178.6	1.17	5.6	6.6	0	0	0	0
1995.9.5	178.6	172.9	1.15	5.0	5.8	0	75	0	0
1995.9.6	247.9	242.4	1.12	4.9	5.5	0	0	0	0
1995.9.7	242.4	268.1	1.10	1.7	1.9	27.6	0	0	27.6
1995.9.8	268.1	267.8	1.08	1.6	1.8	1.5	0	0	1.5
1995.9.9	267.8	273.8	1.05	1.2	1.2	7.2	0	0	7.2
1995.9.10	273.8	273.8	1.03	1.2	1.3	1.3	0	0	1.3
1995.9.11	273.8	272.2	1.01	1.6	1.6	0	0	0	0
1995.9.12	272.2	270.1	0.98	2.1	2.0	0	0	0	0
1995.9.13	270.1	267.5	0.96	2.8	2.7	0	0	0	0
1995.9.14	267.5	263.8	0.94	3.9	3.6	0	0	0	0
1995.9.15	263.8	260.5	0.91	3.6	3.3	0	0	0	0
1995.9.16	260.5	257.2	0.89	3.7	3.3	0	0	0	0
1995.9.17	257.2	253.6	0.87	4.1	3.6	0	0	0	0
1995.9.18	253.6	250.3	0.84	4.0	3.4	0	0	0	0
1995.9.19	250.3	250.9	0.82	1.7	1.4	2.1	0	0	2.1
1995.9.20	250.9	249.1	0.79	2.3	1.8	0	0	0	0

续表

日期 /（年．月．日）	W_0 /mm	W_t /mm	K_c	ET_0 /mm	ET_m /mm	降水量 /mm	灌水量 /mm	渗漏量 /mm	有效降水量 /mm
1995.9.21	249.1	246.8	0.77	3.0	2.3	0	0	0	0
1995.9.22	246.8	244.3	0.75	3.3	2.5	0	0	0	0
1995.9.23	244.3	241.4	0.72	4.0	2.9	0	0	0	0
1995.9.24	241.4	239.0	0.70	3.4	2.4	0	0	0	0
1995.9.25	239.0	237.2	0.68	2.7	1.8	0	0	0	0
1995.9.26	237.2	235.5	0.65	2.6	1.7	0	0	0	0
1995.9.27	235.5	233.3	0.63	3.4	2.1	0	0	0	0
1995.9.28	233.3	231.6	0.61	2.8	1.7	0	0	0	0
1995.9.29	231.6	229.1	0.58	4.4	2.6	0	0	0	0
1995.9.30	229.1	226.5	0.56	4.5	2.5	0	0	0	0

根据上述相同方法可以求出其他典型县的充分供水灌溉制度，见表5－4。各地区的适宜土壤含水量下限值参见表3－5或表3－6，作物系数取值参见表4－1和表4－2。运城地区夏玉米生育期共分为4个阶段：播种—拔节、拔节—抽雄、抽雄—灌浆、灌浆—收获，生育阶段划分参见表4－5。

二、充分供水灌溉制度分析

由表5－4可以看出，各典型县的不同水文年的灌溉制度变化规律基本相同，随着降水频率的增加，灌水次数增多，灌溉定额增加，对于同一地区5％水文年的参考作物蒸腾量最小，95％水文年最大，因为频率越高，降雨量越小，气温越高，日照时间长，空气越干燥，大气蒸发力越强，因此参考作物蒸发蒸腾量越大。对于同一地区，一般情况下达到最大产量时5％水文年所需的灌溉定额最小，依次25％、50％、75％水文年，95％水文年所需灌溉定额最大。降雨量在生育期内分布利于作物生长时，达到最大效益时所需的灌溉定额越小，效益也较大。5％水文年的灌溉定额最小，为0或者75mm，但是也有少数典型县的灌水次数为2次，比如河曲。

95％水文年的灌溉定额最大，最多灌水5次，灌溉定额为375mm，比如大同、原平、兴县。25％水文年灌水2次、1次或不灌水，75％水文年灌水1次、2次、3次均有可能。

对于春玉米，同一水文年，从山西省北部到山西省南部灌水次数和灌溉定额基本上呈减小的趋势，如，对于50％水文年，大同灌水次数为3次，忻州的河曲、晋中的介休和阳泉、离石地区的离石、兴县灌水2次，阳城和长治灌水1次。而对于夏玉米，运城地区的灌水次数较临汾隰县、临汾、侯马的多。

表5-4　　　山西省不同地区典型县典型水文年玉米充分供水灌溉制度

地区	典型县	水文年	作物生育期降水量 /mm	有效降水量 /mm	播前土壤贮水量 /mm	收获土壤贮水量 /mm	播前土壤利用量 /mm	玉米耗水量 /mm	灌溉定额 /mm	灌水次数	灌溉日期（从播种日算起的天数）
大同	大同	5%	424.6	392.4	304.5	332.0	-27.5	445.6	0	0	0
		25%	349.0	349.0	304.5	242.5	62.0	486.0	75	1	60
		50%	324.4	287.7	304.5	295.7	8.8	521.5	225	3	75/117/139
		75%	244.9	244.9	304.5	260.5	44.0	513.9	225	3	64/88/101
		95%	179.4	179.4	304.5	300.7	3.8	558.2	375	5	56/66/82/102/131
晋中区	介休	5%	565.2	314.3	299.1	371.8	-72.7	370.7	0	0	0
		25%	385.2	340.2	299.1	262.8	36.3	376.6	0	0	0
		50%	355.1	224.6	299.1	366.2	-67.1	382.5	150	2	74/95
		75%	275.3	275.3	299.1	308.1	-8.9	416.4	150	2	88/126
		95%	197.4	197.4	299.1	254.6	44.6	467.0	225	3	48/64/113
	阳泉	5%	641.0	437.1	318.1	386.8	-68.8	368.4	0	0	0
		25%	500.7	335.3	318.1	396.7	-78.6	406.7	150	2	44/67
		50%	399.8	290.3	318.1	386.7	-68.6	446.7	225	3	48/64
		75%	328.2	321.6	318.1	285.5	32.6	429.2	75	1	96
		95%	264.4	264.4	318.1	320.3	-2.2	412.2	150	2	71/105
	榆社	5%	583.0	474.8	318.1	398.1	-80.0	394.8	0	0	0
		25%	530.4	439.5	318.1	395.8	-77.7	361.8	0	0	0
		50%	389.7	369.3	318.1	388.7	-70.6	373.7	75	1	84
		75%	346.2	338.9	318.1	394.5	-76.4	412.5	150	2	82/107
		95%	198.4	198.4	318.1	319.0	-1.0	422.4	225	3	53/81/134

续表

地区	典型县	水文年	作物生育期降水量 /mm	有效降水量 /mm	播前土壤贮水量 /mm	收获土壤贮水量 /mm	播前土壤水利用量 /mm	玉米耗水量 /mm	灌溉定额 /mm	灌水次数	灌溉日期（从播种日算起的天数）
晋中区	太原	5%	560.9	414.5	318.1	370.3	-52.2	362.3	0	0	0
		25%	391.1	338.3	318.1	387.3	-69.3	419.1	150	2	50/70
		50%	316.6	316.6	318.1	311.7	6.4	398.0	75	1	58
		75%	265.2	265.2	318.1	315.8	2.3	417.5	150	2	52/86
		95%	169.6	169.6	318.1	292.3	25.8	495.4	300	4	41/60/103/109
离石	离石	5%	537.5	373.3	218.5	267.2	-48.7	405.5	75	1	64
		25%	378.9	378.9	218.5	222.2	-3.7	450.8	75	1	40
		50%	491.1	323.2	218.5	259.8	-41.3	426.4	150	2	43/89
		75%	335.7	335.7	218.5	182.9	35.6	449.4	75	1	103
		95%	269.0	269.0	218.5	192.5	26.0	574.3	300	4	60/81/96/117
	兴县	5%	595.4	487.6	318.1	390.3	-72.2	415.4	0	0	0
		25%	438.9	390.1	318.1	332.3	-14.3	450.8	75	1	80
		50%	333.0	333.0	318.1	296.3	21.7	429.7	75	1	73
		75%	282.9	282.9	318.1	301.6	16.5	449.4	150	2	84/112
		95%	219.3	219.3	318.1	338.1	-20.0	574.3	375	5	40/61/74/83/115
长治晋城	阳城	5%	697.9	430.8	264.0	329.5	-65.6	365.2	0	0	0
		25%	519.5	397.6	264.0	311.7	-47.7	424.9	75	1	35
		50%	391.1	391.1	264.0	265.3	-1.4	389.7	0	0	0
		75%	352.4	293.5	264.0	300.0	-36.1	407.4	150	2	59/126
		95%	208.5	177.0	264.0	222.7	41.3	443.3	225	3	35/64/78

续表

地区	典型县	水文年	作物生育期降水量/mm	有效降水量/mm	播前土壤贮水量/mm	收获土壤贮水量/mm	播前土壤水利用量/mm	玉米耗水量/mm	灌溉定额/mm	灌水次数	灌溉日期(从播种日算起的天数)
长治晋城	长治	5%	652.4	399.3	276.4	328.1	-51.8	347.6	0	0	0
		25%	511.7	419.4	276.4	354.7	-78.3	350.3	0	0	85
		50%	368.3	368.3	276.4	247.5	28.8	397.1	0	0	91
		75%	346.4	346.4	276.4	295.5	-19.2	402.2	75	1	96
		95%	199.5	199.5	276.4	323.2	-46.9	452.6	300	4	49/69/84/121
忻州	河曲	5%	431.1	357.7	268.8	336.5	-67.7	440.5	150	2	57/77
		25%	387.7	372.5	308.0	324.9	-16.9	505.6	75	1	62
		50%	304.2	304.2	268.8	278.9	-10.1	444.1	75	1	55
		75%	209.8	209.8	268.8	224.1	44.7	479.5	150	2	51/119
		95%	147.4	147.4	268.8	281.4	-12.6	509.8	375	5	44/62/86/114/144
	五寨	5%	568.4	382.9	275.5	327.6	-52.1	405.9	0	0	90
		25%	413.4	369.5	275.5	311.1	-35.6	408.9	75	1	69
		50%	365.8	365.8	275.5	314.6	-39.1	401.7	75	1	58
		75%	301.0	301.0	275.5	219.7	55.9	431.9	75	1	78
		95%	179.3	179.3	275.5	252.2	23.3	502.6	300	4	41/59/77/95
	原平	5%	620.2	382.9	268.8	326.6	-57.8	400.1	75	1	58
		25%	440.1	369.0	268.8	264.3	4.5	373.5	0	0	0
		50%	357.5	348.5	268.8	298.5	-29.7	393.8	75	1	57
		75%	279.7	271.0	268.8	299.8	-31.0	465.0	225	3	51/69/95
		95%	180.7	180.7	268.8	255.1	13.7	494.4	300	4	49/81/100/128

续表

地区	典型县	水文年	作物生育期降水量/mm	有效降水量/mm	播前土壤贮水量/mm	收获土壤贮水量/mm	播前土壤水利用量/mm	玉米耗水量/mm	灌溉定额/mm	灌水次数	灌溉日期（从播种日算起的天数）
临汾	临汾	5%	502.9	391.8	292.0	310.0	-18.1	373.7	0	0	0
		25%	367.6	349.1	292.0	317.5	-25.6	323.5	0	0	0
		50%	326.1	326.1	292.0	255.5	36.4	362.5	0	0	0
		75%	250.3	250.3	292.0	310.1	-18.1	382.2	150	2	27/69
		95%	174.8	174.8	292.0	256.2	35.8	435.6	225	3	31/58/73
	隰县	5%	548.3	370.7	292.0	336.1	-44.2	326.5	0	0	0
		25%	454.9	429.7	292.0	364.7	-72.8	356.9	0	0	0
		50%	363.4	363.4	292.0	327.0	-35.1	328.3	0	0	0
		75%	258.0	258.0	292.0	344.2	-52.2	355.8	150	2	48/64
		95%	200.9	200.9	292.0	289.6	2.3	428.2	225	3	22/66/82
	侯马	5%	436.3	378.4	279.9	338.4	-58.6	319.8	0	0	0
		25%	366.5	208.9	279.9	274.8	5.0	363.9	150	2	25/94
		50%	280.5	268.8	279.9	315.5	-35.6	383.2	150	2	31/79
		75%	236.7	236.7	279.9	309.0	-29.1	357.6	75	1	47
		95%	137.8	137.8	279.9	277.3	2.5	440.3	300	4	31/46/62/86
运城	运城	5%	518.1	298.9	228.1	268.1	-40.0	333.9	75	1	82
		25%	360.7	253.4	228.1	213.2	14.9	418.3	150	2	20/92
		50%	304.9	242.5	228.1	226.5	1.6	469.1	225	3	21/34/88
		75%	251.9	251.9	228.1	247.7	-19.6	457.3	225	3	47/84/111
		95%	181.7	181.7	228.1	248.7	-20.6	386.1	225	3	31/46/76

第六章 玉米水分生产函数

第一节 玉米水分生产函数的概念及分类

一、问题的提出

发达国家，如美国早在20世纪初就注意到了经济用水问题，但也只是到20世纪60—70年代才明确地提出了农业经济用水问题，并广泛地开展了相关研究，如作物需水量研究、作物蒸发蒸腾规律研究、作物产量与水分关系研究等。我国也于20世纪80年代开展了作物经济用水研究，并明确地提出了节水灌溉的概念。之后，随着农田灌溉试验研究的深入，提出了非充分灌溉原理等新的农田灌溉理论与技术。但是所有这些技术的提出和发展都逐渐的集中到了一点，即必须以农作物产量或产出与水分关系为中心的作物需水规律为基本依据。由此提出了作物水分生产函数的概念，并开展了广泛的研究。

二、玉米水分生产函数的基本概念

影响玉米生长的因素是多种多样的，有光照、气温等不可人为调控的因素，有水分、施肥、病虫害，以及玉米自身品种特性等可调控的因素。研究的目的是充分认识可调控因素，通过可调控因素的合理调节，使之最大限度的适合于不可调控的因素，从而，实现资源的持续利用和经济的持续发展。在可调控因素中首先是玉米自身特性，如玉米生产潜力，也称为玉米最大产量。玉米最大产量是指所有影响玉米生长的外部环境因子都达到最适宜玉米生长状况时的产量，玉米最大产量由玉米自身生物学特性所决定。提高玉米生产潜力的措施主要是品种改良。其次，影响玉米生产潜力的是环境因素，在实际情况下，影响玉米生长的各种因素不可能或至少不可能全部都达到玉米生长的适宜值。因此，玉米实际产量都小于玉米的最大产量。农业生产管理的目的之一就是通过对各种可控因素的合理调控，使之与当地自然资源达到最佳的耦合、匹配，以最大限度地满足玉米生长需求。为此，人们对影响玉米生长的各种因素与玉米产量及其产品品质之间的关系进行了广泛的研究，并根据不同研究目的和生产要求建立了相当多的玉米生长和产量与其影响因素之间的关系。水分是影响玉米生长的重要环境因素之一，玉米产量与水分之间的关系称为玉米水分生产函数，是合理调控水分使之有利于玉米生长的重要依据之一。研究玉米水分生产函数的目的是为合理利用有限水资源，达到最大的玉米产量或产值；为合理确定玉米优化灌溉制度，实现有限供水在玉米生长期、玉米间，亦即在时间和空间上的合理配置提供定量依据。

　　土壤盐分是影响玉米生长的另一个较为普遍的环境因子，它包括土壤中盐分和灌溉水中盐分。土壤养分，包括土壤自身矿物质养分和施肥，都与水分密地相关，都以水分为介质，通过水分来对玉米生长发挥作用。为此，以玉米水分生产函数为基础，引入盐分、养分建立水盐生产函数和水肥生产函数。从这一观点出发，可以把水盐生产函数、水肥生产函数，包括污水灌溉中某些溶质对玉米生长的影响，都归入水分生产函数，统称为玉米水分生产函数。

三、玉米水分生产函数的形式与分类

　　玉米水分生产函数是表示或描述玉米产量与水分关系的一系列数学表达式，也称为数学模型。通过数学模型可以把玉米生长和其外部环境因素对玉米生长影响的联系，进行抽象、概化的描述，从而使问题简化，使人们能够有重点地考察分析某些环境因素对玉米生长的影响。

　　玉米水分生产函数，根据不同分类方法，或从不同认识角度出发，可以划分为若干类型。对国内外目前主要的玉米产量与水分关系模型的考察分析，大致可分为三类：第一类为产量与水分的单因子模型；第二类为产量与水和肥或产量与水和盐分等多因子模型；第三类是以玉米生长模拟模型为基础的产量与水分关系模型。本书主要指玉米产量与水分的单因子模型。

　　玉米水分生产函数的单因子模型仅以水分作为变量建立产量与水分的关系。依水分表达形式不同，又产生了多种玉米水分生产函数的形式，有较为直观的灌溉水量、全生育期腾发量，到后来的相对腾发量、阶段相对腾发量、土壤含水量等。这也反映了人们在玉米水分生产函数研究中，对玉米产量与水分关系的理解和认识的发展过程。

　　（一）玉米产量与灌溉供水量的关系

　　这是最初的也是最直观的认识。在某一特定气候条件下，即降雨量、农业管理措施、玉米品种在一定条件下，对玉米供水越多，产量越高，但超过一定限度时，产量不再增加，有时甚至减产。分析结果表明：产量与用水量或灌溉供水量的关系散点图较为分散，难以确定一个合理的关系式。主要原因是这种函数关系隐含了一个假定，即灌水时间对玉米生长和产量没有影响。这一假定明显地不符合玉米对灌溉供水的反应。

　　（二）玉米产量与全生育期蒸发蒸腾量的关系

　　玉米蒸发蒸腾量是指植株蒸腾和株间土壤表面蒸发水量的总和。植株蒸腾是指玉米根系从土壤中吸入体内的水分，通过叶片的气孔扩散到大气中去的现象。试验表明，植株蒸腾要消耗大量的水分，玉米根系吸入体内的水分有 99% 以上是消耗于蒸腾，只有不足 1% 的水量是留在植物体内，成为植物体的组成部分。

但是，玉米生产的物质来源是光合作用，水分是光合作用的重要物质基础；水分是维持玉米正常生长的基本因素之一，水分不仅通过根系吸水、叶片气孔扩散，调节了玉米体内的气温，使玉米处于一个合理适宜的生长环境中，而且通过植物细胞膨压，起着使玉米成形的作用。研究表明，玉米生长和产量与玉米植株蒸腾量有密切的关系，因此人们以植株蒸腾量为自变量，建立了多种形式的玉米水分生产函数。

株间蒸发是指植株间土壤或水面的水分蒸发。株间蒸发和植株蒸腾都受气象因素的影响。蒸腾因植株的繁茂而增加，株间蒸发因植株造成地面覆盖率增加而减少，蒸腾与株间蒸发二者互为消长。植株蒸腾和株间蒸发是两个密切相关的过程。到目前为止，还没有一个可靠的方法能把植株蒸腾和株间蒸发分开；再者，尽管株间蒸发对玉米生物量积累没有直接的作用，但株间蒸发无疑对改善农田小气候有积极的作用，特别是某些需要一定环境湿度的玉米。因此，为计算方便，一般把植株蒸腾量与株间蒸发量合在一起，称为玉米蒸发蒸腾量，也称为玉米腾发量。

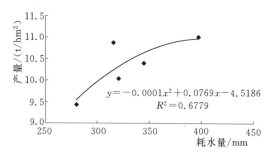

图 6-1 2006 年萧河站玉米耗水量与产量关系图

以全生育期蒸发蒸腾量为自变量建立的玉米水分生产函数主要有线性和抛物线两种类型：

线性模型 $y = a_1 + b_1 ET$ (6-1)

抛物线性模型

$$y = a_2 + b_2 ET + c_2 ET^2 \quad (6-2)$$

式中：a_1、b_1、a_2、b_2、c_2 为经验系数，由试验资料回归分析确定；y 为产量；ET 为作物蒸发蒸腾量。

对山西省不同试验站的玉米产量与耗水量（蒸发蒸腾量）的关系进行了分析，选择了其中灌水合理，达到了最大产量的处理进行分析。

由图 6-1 可以看出，当耗水量在 400mm 左右时，产量达到了最大值。图 6-2 中，2015年漱水河站玉米耗水量在600mm 左右时产量最大，由图6-3（a）2008 年汾西玉米耗水量与产量关系图可以看出，当耗水量在 450mm 时，产量达到了最大值。由图 6-3（b）2008年鼓水玉米耗水量与产量关系

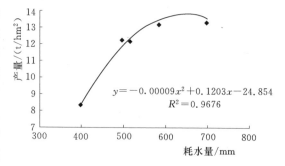

图 6-2 2015 年漱水河站玉米耗水量与产量关系图

图可以看出，当耗水量在 475mm 时，产量达到了最大值。由图 6-3（c）2008 年霍泉玉米耗水量与产量关系图可以看出，当耗水量在 500mm 时，产量达到了最大值。产量最大时对应的耗水量即为需水量。由图 6-2 和图 6-3 可以得出产量与耗水量呈抛物线形关系，当耗水量小于需水量时，产量随耗水量的增加而增加，当产量达到最大时，随耗水量的增加产量不再增加而是减小。

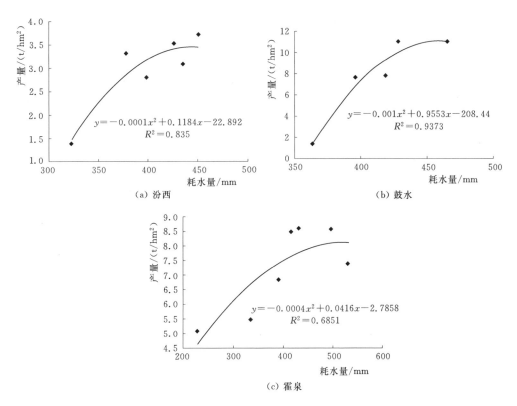

图 6-3　2008 年山西省不同站点玉米耗水量与产量关系图

　　本书对山西省部分站点的玉米产量与全生育期蒸发蒸腾量进行了研究，计算了其水分生产函数的抛物线模型，又称为绝对值模型，见表 6-1 和表 6-2。

　　大量分析结果表明，不同站点和不同年份，经验系数变化较大，难于推广应用。其主要原因是年际间和地区间大气蒸发力不同，使得玉米遭受同样程度干旱时，亦即玉米达到同样产量时，玉米的蒸发蒸腾量是不相同的。由此，人们提出了相对值模型，即用相对产量与相对腾发量建立的玉米水分生函数。

四、玉米水分生产函数的相对值模型

　　玉米水分生产函数的相对值模型是指玉米相对产量与全生育期蒸发蒸腾量相对值之间的关系。主要代表形式是 Stewart（1977）模型（Stewart J L，1977）：

表6-1 山西省不同地区玉米的水分生产函数抛物线模型参数

地区	二次抛物线模型参数			样本数	相关系数 R^2	标准误差 S_{yx}	F值	α值	实测最大		计算最大		公式适用的耗水量范围/mm	备注
	a	b	c						产量/(t/hm²)	耗水量/mm	产量/(t/hm²)	耗水量/mm		
中心站	0.0356	-19.6960	3382.3704	7	0.9936	3.9996	310.9805	0	11.7	499.8	—	—	391.2~499.8	2012
黎城	-0.0173	10.5090	-902.8468	7	0.8906	7.2044	16.2813	0.0120	10.5	465.3	10.3	454.5	377.1~489.5	2012
夹马口	-0.0299	16.7036	-1785.0058	5	0.9921	11.6735	125.8032	0.0079	7.6	363.6	8.2	419.0	275.1~363.6	2012
涑水河	-0.0051	4.1176	-88.6147	6	0.9360	15.5823	21.9434	0.0162	11.2	629.6	11.1	603.3	233.8~374.1	2012
滱水河	-0.0220	17.3108	-2640.9891	6	0.9846	19.9747	95.6609	0.0019	11.4	619.8	11.4	590.0	371.5~619.8	2013
滹沱河	-0.0051	4.1176	-88.6147	6	0.9360	15.5823	21.9434	0.0162	11.2	629.6	11.1	603.3	374.1~629.6	2012
	-0.0220	17.3108	-2640.9891	6	0.9846	19.9747	95.6609	0.0019	11.4	619.8	11.4	590.0	411.975~619.8	2013
御河	0.0005	0.9589	355.0874	14	0.8393	27.8497	28.7248	0	12.5	610.2	—	—	353.4~610.2	2006, 2012
潇河	-0.0262	10.1491	-185.2804	5	0.7752	47.2674	3.4478	0.2248	12.1	270.6	12.0	290.9	179.0~270.6	2008
	-0.0069	7.0680	-1022.3270	5	0.8460	38.7814	5.4921	0.1540	11.0	636.945	11.6	762.9	503.5~636.9	2012
小银河	-0.0074	6.8360	-911.0201	12	0.8970	42.6839	39.2016	0	10.2	684.195	10.0	692.6	362.4~746.9	2012, 2013
神溪	0.4776	-198.8275	20833.8570	4	0.9653	25.9599	13.8984	0.1863	6.2	348.3	—	—	276.5~348.3	2008
文峪河	0.0045	-0.5253	462.9956	6	0.9601	54.3461	36.0693	0.0080	17.1	681.9	—	—	351.5~681.9	2012
镇子梁	-0.0039	4.9598	-701.6861	7	0.9114	30.7028	20.5684	0.0079	12.2	748.395	13.1	952.1	537.2~748.4	2012
阳武河	-0.0196	16.9789	-2869.2520	6	0.9725	20.5440	53.0717	0.0046	12.0	698.4	12.2	650.7	477.3~698.4	2012

表 6 - 2　　山西省不同地区夏玉米的水分生产函数抛物线模型参数

地区	二次抛物线模型参数			样本数	相关系数 R^2	标准误差 S_{yx}	$F_{0.05}$值	α值	实测最大		计算最大		公式适用的耗水量范围/mm	备注
	a	b	c						产量/(t/hm²)	耗水量/mm	产量/(t/hm²)	耗水量/mm		
平陆	-0.0043	3.0829	-57.4099	4	0.9332	6.1088	6.983	0.2585	7.4	482.9	7.5	542.6	400.8~482.9	2007
利民	-0.0153	9.8114	-1040.161	12	0.7211	78.2789	11.6322	0.0032	8.5	504.9	8.0	480.9	257.4~504.9	2009、2012
临汾	-0.0199	11.8403	-1526.14	6	0.835	29.5377	7.5915	0.067	3.7	450.3	3.5	445.4	322.8~450.3	2008
霍泉	-0.0099	6.1056	-367.994	26	0.5624	87.8095	14.7813	0.0001	10.4	473.3	8.7	464.6	228.15~718.5	2005、2008、2012
夹马口	0.0007	1.1382	-109.5287	10	0.8943	35.5399	29.6072	0.0004	4.7	—	—	—	234.3~476.7	2004、2005
新绛鼓水	-0.1559	95.5277	-13895.99	5	0.9373	93.2273	14.9603	0.0627	11.0	465.3	11.1	459.6	363.6~465.3	2008

$$1-\frac{y}{y_m}=\beta\left(1-\frac{ET}{ET_m}\right) \tag{6-3}$$

式中：y 为玉米实际产量；ET 为玉米全生育期蒸发蒸腾量；y_m 为玉米最大产量，是指水、肥、病虫害等不限制玉米正常生长，某种优良品种在当年气候条件下可获得的产量，亦即充分灌溉条件下的产量；ET_m 为与 y_m 相对应的玉米全生育期的蒸发蒸腾量；β 为减产率的一个常数，Doorenbos 和 Kassam 等称其为产量反应系数，并以 K_y 表示，是相对减产量（$1-y/y_m$）与相对缺水量（$1-ET/ET_m$）的比值。

式（6-3）为相对产量与相对蒸发蒸腾量的线性关系，当作物产量达到较高程度时相对产量与相对腾发量更符合非线性关系，即

$$1-\frac{y}{y_m}=\beta\left(1-\frac{ET}{ET_m}\right)^{\sigma} \tag{6-4}$$

式中：σ 为根据受旱试验资料分析求得的经验指数；其他符号意义同前。

玉米水分生产函数的相对值模型，在一定程度上消除了气候变化、品种变化对玉米产量与水分关系的影响，因而较前述绝对值模型有更好的时间和空间延伸特性，即年际间和地区间玉米减产系数 β 变化较小，试验数据的拟合精度也较高。试验站进行了大量的试验，由于试验站研究的主要是需水量与灌溉制度的试验，不是关于水分生产函数的试验，现选择相关系数较大的站点的资料列于表6-3和表6-4。

表6-3　　　　山西省不同地区春玉米的水分生产函数相对值模型参数

站名	相对值模型1 [式(6-3)]参数		相对值模型2 [式(6-4)]参数			样本数	公式适用的耗水量范围 /mm	备 注
	β	R^2	β	σ	R^2			
黎城	0.9008	0.5815	0.4226	0.5724	0.4407	33	327.45～762.3	2005、2006、2008、2012
运城夹马口	1.7583	0.8891	3.2009	1.4232	0.7759	10	275.1～614.7	2008、2012
滹沱河	0.6966	0.5158	0.7622	1.271	0.409	24	322.5～713.4	2007、2008、2012、2013
小银河	0.8347	0.7516	0.8585	1.3022	0.8147	12	362.4～746.9	2012、2013
文峪河	1.0707	0.9168	1.0361	0.9506	0.9722	6	351.45～681.9	2012
镇子梁	0.9859	0.8534	0.9649	1.0026	0.8478	7	537.15～748.4	2012
原平阳武河	0.591	0.4923	5.499	2.7605	0.8545	6	477.3～698.4	2012

表 6-4　　　山西省不同地区夏玉米的水分生产函数相对值模型参数

站名	相对值模型 1 [式 (6-3)] 参数		相对值模型 2 [式 (6-4)] 参数			样本数	公式适用的 耗水量范围 /mm	备 注
	β	R^2	β	σ	R^2			
运城夹马口	1.4063	0.8545	1.9687	1.4296	0.9229	10	234.3～476.7	2004、2005
新绛鼓水	1.1019	0.7592	—	—	—	5	363.6～465.3	2008
平陆红旗	0.3374	0.8249	2.5092	2.0094	0.8891	4	400.8～482.9	2007
利民	1.5397	0.9568	1.8866	1.2146	0.9499	12	257.4～504.9	2009、2012
临汾	1.8823	0.6984	0.8048	0.6703	0.3622	6	322.8～450.3	2008
霍泉	0.6780	0.4775	—	—	—	26	228.15～718.5	2005、2008、2012

五、时间水分生产函数

时间水分生产函数是以阶段相对蒸发蒸腾量为自变量建立的相对产量与阶段相对蒸发蒸腾量的关系。因为阶段蒸发蒸腾量包含了玉米生长的时间概念，故称为时间水分生产函数。时间水分生产函数有多种形式，依模型结构可分为单阶段型、加法型和乘法型三种类型。单阶段型以 Doorenbos - Kassam 模型为代表，加法型水分生产函数以 Blank 模型为代表，乘法型模型以 Jensen 模型为代表。

（一）单阶段型

Doorenbos 和 Kassam（1979）提出用式（6-5）形式的模型来定量描述阶段水分亏缺对产量的影响，其中相对蒸发蒸腾量变为某一阶段 i 的相对蒸发蒸腾量，相应的产量反应系数也变为阶段 i 的产量反应系数，即

$$1 - \frac{y}{y_m} = K_{yi}\left(1 - \frac{ET_i}{ET_{mi}}\right) \tag{6-5}$$

式中：K_{yi} 为玉米第 i 阶段的产量反应系数；ET_{mi} 为与 y_m 对应的，即充分灌溉条件下玉米阶段 i 的蒸发蒸腾量；ET_i 为与 y 对应的，即非充分灌溉条件下阶段 i 的蒸发蒸腾量；其他符号意义同前。

（二）加法模型

以各阶段的相对蒸发蒸腾量或相对缺水量作自变量，用相加形式的数学关系构成的玉米产量与水分关系，称为加法形式的水分生产函数，简称加法模型。代表性的模型有 Blank 模型（1975）（Blank H. 1975.），Stewart 模型（1976），Singh 模型（1987）和 Hiller - Clark 模型（1971）。

Blank 模型以相对蒸发蒸腾量为自变量，即

$$\frac{y}{y_m} = \sum_{i=1}^{n} K_i \left(\frac{ET}{ET_m}\right)_i \tag{6-6}$$

式中：K_i 为玉米第 i 阶段缺水对产量影响的水分敏感系数；i 为生育阶段序号，

$i=1,2,\cdots,n$；n 为划分的生育阶段数。

（三）乘法模型

以阶段相对蒸发蒸腾量或相对缺水量作自变量，用连乘的数学关系式构成了阶段水分亏缺对产量影响的乘法模型。代表性的乘法模型有 Jensen 模型（1968）（Jensen M E，1968），以相对蒸发蒸腾量为自变量的一个过程模型（王仰仁等，1997），Minhas 模型（1974）（Hanks，1974）和 Rao 模型（1988）（Rao，1988）。

1. Jensen 模型

以阶段相对蒸发蒸腾量为自变量，即

$$\frac{y}{y_m} = \prod_{i=1}^{n} \left(\frac{ET}{ET_{mi}}\right)_i^{\lambda_i} \qquad (6-7)$$

式中：λ_i 为玉米生育阶段 i 缺水分对玉米产量影响的敏感性指数，简称水分敏感指数。由于 $(ET/ET_m)_i \leqslant 1.0$，且 $\lambda_i \geqslant 0$，故 λ_i 值越大，将会使连乘后的 y/y_m 越小，表示对产量的影响越大；反之 λ_i 越小，对同等受旱程度，即同样的相对蒸发蒸腾量，会使 y/y_m 越大，表示对产量的影响越小。因此，λ_i 是表示玉米生长对缺水反应的关键性参数。

Hill 等人（1979）（J. Doorenbos 等，1979.）考虑玉米生长过程中的延迟播种（S_{YF}）和发生倒伏（L_F）因子，对 Jensen 模型进行了修正，提出了如下大豆模型：

$$\frac{y}{y_m} = \prod_{i=1}^{n} \left(\frac{ET}{ET_m}\right)_i^{\lambda_i} S_{YF} L_F \qquad (6-8)$$

这一修正系数为人们对 Jensen 模型的应用与进一步改进提供了思路，即把 S_{YF} 表示为播种延迟时间 Δt 的函数 $S_{YF}(\Delta t)$，把 L_F 表示为倒伏程度 x 的函数 $L_F(x)$，可能更好，而不仅仅是一个固定的系数值。对人们的另一个启发是，可以 Jensen 为基础，构建水肥生产函数或水盐生产函数等，而且可分步确定有关参数，这样就可以充分利用已有的大量水分敏感指数研究成果和大量的施肥试验数据以及咸水灌溉试验数据等分别构建水肥生产函数和水盐生产函数。

2. 以相对蒸发蒸腾量为自变量的一个过程模型

考虑到 Jensen 模型的结构特性，即，假如把相邻两个阶段合并为一个阶段时，水分敏感指数似乎有相加的特性，尽管不是很严格，即

$$\left(\frac{ET_1 + ET_2}{ET_{m1} + ET_{m2}}\right)^{\lambda_1 + \lambda_2} \approx \left(\frac{ET_1}{ET_{m1}}\right)^{\lambda_1} \left(\frac{ET_2}{ET_{m2}}\right)^{\lambda_2} \qquad (6-9)$$

而且，仔细观察阶段水分敏感指数累加值与生长天数的关系可发现，其变化规律基本符合逻辑斯蒂函数，说明水分敏感指数较好地反映了玉米的生长过程特性，即玉米产量对阶段水分亏缺的敏感性也符合玉米生长前期和后期生长势（如干物

质积累速率）弱，中期生长势强的生长特性。据此王仰仁等（1997）提出了如下以相对蒸发蒸腾量为自变量的过程模型：

$$\frac{y}{y_m} = \prod_{i=0}^{n} \left[\frac{ET(\Delta t_i)}{ET_m(\Delta t_i)} \right]^{\lambda(\Delta t_i)} \tag{6-10}$$

$$\lambda(\Delta t_i) = z(t_i) - z(t_{i-1}) \tag{6-11}$$

$$Z(t) = \frac{c}{1 + e^{a-bt}} \tag{6-12}$$

$$\Delta t_i = t_i - t_{i-1}$$

式中：t_i 为从播种日或某一指定日期算起的玉米生长天数；$\lambda(\Delta t_i)$ 为时段 $\Delta t_i = t_i - t_{i-1}$ 的水分敏感指数值；$Z(t)$ 为水分敏感指数累积曲线；$ET(\Delta t_i)$ 和 $ET_m(\Delta t_i)$ 分别为与 y 和 y_m 相对应的 Δt_i 时段的玉米蒸发蒸腾量；a、b、c 为待定系数。

利用山西省各试验站春玉米和夏玉米的试验资料，采用式（6-10）所示的过程模型计算了其相关系数，结果详见表 6-5 和表 6-6。

表 6-5　山西省不同地区春玉米水分敏感指数累积函数模型的参数

试验站	乘幂模型相关参数				样本数	相关系数 R	标准误差 S_{yx}	备　注
	a	b	c	Q				
夹马口	33.2576	0.7630	1.5792	0.0820	10	0.8933	25.8141	2008、2012
漳沱河	6.3339	0.0544	1	0.8004	24	−0.5740	159.4272	2007、2008、2012、2013
中心实验站	6.7293	0.1076	2	1.3839	31	−0.9909	206.1036	2009
小银河	5.4061	0.0396	1	0.0682	12	0.8050	66.5969	2012、2013
潇河	7.5493	0.1295	1	0.0555	15	0.5198	56.0065	2006、2008、2012
大同御河	7.9717	0.0637	1	0.1000	22	0.9663	38.0212	2004、2006、2012
临县湫水河	6.1953	0.5073	1	1.4716	31	0.0331	174.8296	2004、2006、2008、2012

表 6-6　山西省不同地区夏玉米水分敏感指数累积函数模型的参数

试验站	乘幂模型相关参数				样本数	相关系数 R	标准误差 S_{yx}	备　注
	a	b	c	Q				
夹马口	3.7224	0.0473	1.7667	0.2682	10	0.7020	70.6068	2004、2005
霍泉	4.2356	0.05	1.7546	0.6345	26	0.5997	87.8989	2005、2008、2012
利民	2.9301	0.0569	1.6776	0.0761	12	0.8905	60.0772	2009、2012

3. Minhas 模型

Minhas 模型由 B. minhas、K. Parkhm 和 N. Sriniva　San（1974）等人提出：

$$\frac{y}{y_m} = a_0 \prod_{i=1}^{n} \left[1 - \left(1 - \frac{ET_i}{ET_{mi}} \right)^{b_0} \right]^{\lambda_i} \tag{6-13}$$

式中：λ_i 为水分敏感指数，但数值上不同于 Jensen 模型的 λ_i，一般取 $b_0 = 2.0$；a_0 可以认为是实际水分亏缺以外的其他因素对产量影响的修正系数，在单因子水分生产函数中，$a_0 = 1$。

4. Rao 模型

用阶段相对缺水量作自变量，N. H. Rao（1988）（Rao N H，1988）给出了如下模型：

$$\frac{y}{y_m} = \sum_{i=1}^{n} \left[1 - K_i \left(1 - \frac{ET_i}{ET_{mi}} \right) \right] \tag{6-14}$$

式中：K_i 为玉米不同生育阶段缺水对产量的敏感系数，其物理意义相似于阶段 Doorenbos - Kassam 模型中的 K_{yi}，从模型结构式（6-14）可见，由于 K_i 值的变大会使自变量 $K_i(1 - ET_i/ET_{mi})$ 值增大，最终会使 y/y_m 减小，使目标值产量变小，反之 K_i 值小，会使目标值变大。因而对 Rao 模型中的敏感系数：K_i 值愈大，敏感性愈大（即会使 y 距 y_m 愈大）；K_i 值愈小，敏感性愈小。这一概念与 Doorenbos - Kassam 模型中的 K_{yi} 一致，与 Jensen 模型的水分敏感指数对产量的影响的概念也一致。

（四）其他形式的时间水分生产函数

其他形式的时间水分生产函数有多种，比较典型的有如下几种：如 Yaron 模型（1973）、Hall 和 Butcher（1968）提出的模型、Morgan 等人提出的模型（1980）（Morgan T H，1980）、Feddes 模型（1978）等。

第二节　玉米水分生产函数建模及其检验

玉米水分生产函数是描述玉米产量与玉米供水关系的一组数学表达式，也称为数学模型。玉米水分生产函数的建模应遵守一般的数学模型建模要求。因此应首先明确模型的一些基本概念与建模原则。

一、模型的特点

模型是客观事物用数学等逻辑语言或符号的表示和体现。它必须反映现实，是现实（世界）的一种抽象，所以它又高于现实。一般，模型应具有如下的特点：

（1）它是部分客观现实（世界）的模仿和抽象。

（2）它是由一些与所论述的问题有关的因素所构成。

（3）它体现了有关因素之间的关系。

玉米水分生产函数是玉米用水过程，或玉米生长及其最终产量对水分亏缺造成的水分胁迫反应这一客观过程的描述。实际上，在玉米遭受水分胁迫时，不仅水分是影响生长和产量的一个主要因素，而且，水分胁迫将会引起玉米某些生理和生态过程的变化，必将导致其他一些因素，诸如光照、土壤养分以及玉米种植密度对玉米生长影响或作用的变化。然而，限于人们对玉米生理、生态及其玉米对水分吸收转化和应用等诸多过程认识的深度，建模时只能考虑主要因素，并根据使用要求和对这些过程的认识程度，建立不同类型的模型。

二、模型的类型

常见的模型主要有经验模型和机理模型、静态模型和动态模型，以及确定性模型和随机性模型。

1. 经验模型和机理模型

经验模型主要着眼于描述，只关心所研究系统对不同输入时会产什么样的结果，而不关心系统内导致产生这些输出结果的原因及过程。然而经验模型的研制也尽可能地建立在经过明确陈述和考虑的农业和生物学的假设之上。如以蒸发蒸腾量为自变量建立的玉米产量与水分关系模型，都属于经验模型，但是，这些模型从绝对值模型发展到相对值模型，从全生长期模型发展到分阶段模型，都是基于人们对玉米生长和产量与水分亏缺关系逐步深入地认识。机理模型则是力图给予理解性地描述。由于事物互相联系的特性，人们总可以把一个系统（称为 i 级水平）分解为若干个子系统（称为 $i+1$ 级水平），其中某些子系统又可进一步分解为更低一级的子系统（称为 $i+2$ 级水平）。机理模型就是试图用 $i+1$ 级水平上的系统属性或行为来速描述更高级水平（i 级）系统的属性。这两级系统是通过伴随着假说和构思的分析和综合过程来相互联系的。在水平 $i+1$ 上对行为的描述也许是纯经验性的，并不包括 $i+2$ 级水平上有关的任何因素，或者它也可以是半经验半机理的，同 $i+2$ 级水平或更低水平上的某些因素有关。每个机理模型都是建立在经验之上的。对于一个给定的数据集，总能找到一个经验模型，其拟合效果要比机理模型好。之所以如此，是因为经验模型很少什么限制，而机理模型囿于其假设，被限制得很严。然而机理模型较经验模型有更大的适用性，并且能比经验模型提供更多的信息。

2. 静态模型和动态模型

静态模型是不含时间变量的模型，如前述玉米产量与全生育期蒸发蒸腾量的模型。在这类模型中，系统行为随时间变化的任何过程都略而不计。静态模型永远是一个近似式。动态模型则明显地含时间变量 t，如玉米生长模拟模型。前述的玉米产量与阶段蒸发蒸腾量关系模型，尽管模型中没有明显的时间变量 t，但阶段蒸发蒸腾量已隐含了随着时间的变化过程，应属于动态模型，因此阶段玉米水分生产函数又称为时间水分生产函数（Rao 等，1998）。

3. 确定性模型和随机性模型

确定性模型是指对不同的量值（如玉米产量或降雨量）可做肯定性预测的模型，它不伴随任何概率分布。随机性模型则包含了一些随机性成分或概率分布，因此，它不仅能预测一个量的（如玉米蒸发蒸腾量强度 ET）期望值 $E(ET)$，还能预测 ET 的方差 $V(ET)$。

在一个系统中，不肯定因素愈多，采用随机性处理愈显得重要。然而，随机性模型在技术上难度较大，确定性模型更为人们所接收。是否决定采用随机性模型，应视分析问题的具体要求而定。

三、模型的作用

不同类型的模型有不同的作用，或不同的用途。但就对研究和管理的重要性而言，可归纳为以下几个方面：

（1）用数学表达的假说，可对所研究问题提供定量描述和理解，如玉米水分生产函数即提供了玉米产量对水分亏缺反应的定量描述。

（2）模型对数学完备性的要求，可提供一种概念性结构，它能帮助查明未知的知识领域，并刺激新的思维和试验手段的产生。

（3）数学模型在提供知识转化的方法上不失为有效的途径。这种转化是指如何把研究成果转化为生产者或管理者易于使用的形式。

（4）模型的建立可减少特定试验的数量。因为有时模型可使试验设计变得容易，这些试验可以回答专门的问题或分辩不同的机理。

（5）在具有若干组成部分的一个系统里，模型常能将不同学科的知识联系起来，并对整个系统的行为提出首尾一致的观点。

（6）模型在总结数据方面能提供有力的手段，亦可为内插和谨慎的外延提供方法。

（7）模型的建立有助于对一项研究计划提供战略和战术上的支持，亦可激发科学家并鼓励他们之间的合作。

（8）一个成功的模型，其预测能力可在多方面获得应用，对研究和开发、管理和计划可提出优先顺序。

四、建模的过程

1. 确定建模的主要目标

玉米水分生产函数建模的主要目的是用于灌溉用水管理的评价与制定合理的灌溉决策。但是随着节水灌溉研究的发展，对玉米水分生产函数的要求也越来越高，不再仅仅是用于估算水分亏缺条件下的玉米产量，而且希望能够解释更多的客观现象，如不同生长期水分亏缺对产量的影响、灌水的补偿效应、调亏灌溉的节水增产机理，以及分根交替灌溉节水机理等。

2. 构造模型

构造模型即提出一个合适的描述过程的数学表达式。要想获得一个合适的模型结构，必须对玉米的生长过程、生物学特性，及其对水分亏缺的反应过程有一个透彻的理解，并且要有多种数学方程和表达式的概念，包括对这些表达式中变量之间的相互关系有透彻的了解，这样才能在模型构建过程中或模型选择过程中把两者很好地结合在一起。近 20 年来，国内对于水分生产函数的研究主要集中借鉴和吸收国外已有模型，然后再加以分析选择。经过近十几年的研究，国内学者们基本一致地选择了玉米产量与阶段蒸发蒸腾量关系中的乘法模型，尤其是 Jensen 模型。该模型与加法模型和其他形式的模型相比较，结构相对合理，它在一定程度上反映了阶段间受旱的相互作用，模型参数便于求解，尽管该模型是非线型函数，但可转化为线性模型求解参数。

3. 模型参数求解

模型参数求解或称为律定，应分两步进行，第一步是选择或获得模型参数求解资料，这一步中一般应进行专门的试验，如玉米分阶段受旱试验。试验之前必须进行详细的试验设计。然而，试验设计在很大程度上又取决于模型参数求解方法，所以试验设计和模型参数求解是紧密相关的。第二步是确定模型参数求解方法。针对上述乘法形式的水分生产函数，有两种求解方法。一种是逐阶段求解，这种方法要求一个处理中只有一个阶段受旱；另一种方法是全部阶段的水分敏感指数同时求解，对此必须用多元回归分析法，这种方法允许一个试验处理中有一个以上的阶段同时受旱。

4. 模型参数拟合精度检验

模型参数拟合精度检验是指参数求解过程中该模型对其确定参数所用试验数据拟合程度的分析评价，主要包括三个指标：复相关系数、均方差和 F 值。详细计算见模型参数求解部分。

五、水分生产函数参数求解

以乘法模型中的 Jensen 模型为例说明。如上所述，水分生产函数参数求解有两种方法，现分述如下。

（一）逐阶段求解

由式（6 - 7）可知，在只有第 k 个（$0 \leqslant k \leqslant n$）阶段受旱，而其他阶段均不受旱时，即 $ET_i = ET_{mi}$，其中 $i = 1, 2, \cdots, n$，$i \neq k$，$ET_k < ET_{mk}$，这样式（6 - 7）变为

$$\frac{y}{y_m} = \left(\frac{ET_k}{ET_{mk}}\right)^{\lambda_k} \tag{6 - 15}$$

式中：ET_k、ET_{mk} 分别为与 y 和 y_m 相对应的第 k 阶段（受旱阶段）的玉米蒸发蒸腾量；λ_k 为第 k 阶段的水分敏感指数。其他符号意义同前。

对式（6-15）两边取对数，有 $\ln\dfrac{y}{y_m}=\lambda_k\ln\dfrac{ET_k}{ET_{mk}}$，由此可得

$$\lambda_k=\ln\frac{y}{y_m}\bigg/\ln\frac{ET_k}{ET_{mk}} \tag{6-16}$$

由式（6-16）就可以用试验得到的 y/y_m 和 ET_i/ET_{mi}，直接求出 λ_k 值，即玉米第 k 阶段的水分敏感指数值。这一方法要求在严格的试验条件下进行，如隔绝降雨，无地下水补给，而且能够测出深层渗漏失水量，具有非常好的水分监测设备，能够控制按水分要求进行灌溉。显然，要采用这一方法求解水分敏感指数，必须做专门试验。另一方面，为了使该阶段受旱，往往必须使相邻的上一阶段提前减少灌水，可能造成了上一阶段在某种程度上的干旱，或者是阶段受旱的后效性作用，包括现在已为人们普遍接受的玉米受旱复水补偿效应，使得实际中采用这一方法变得十分困难。

（二）全部阶段同时求解法

由于控制土壤水分比较困难，在玉米生育期内常常出现两个或两个以上阶段都受旱的情况。这就是为什么不能采用第一种方法来利用现有灌溉试验资料确定水分敏感指数的另外一个原因。为此人们提出了确定水分敏感指数的第二种方法，即采用多元回归分析的办法，根据多年的灌溉试验资料来确定水分敏感指数 λ 值。这些资料是在田间自然降雨条件下进行的玉米灌溉制度（该灌而不灌）试验获得的，这些资料基本上都不符合第一种方法要求的条件。为此提出了第二种求解玉米水分敏感指数的方法。现将其原理和过程说明如下。

这种方法是利用模型结构的特性，转化为多元线性回归分析方法求解。如对式（6-7）两边取对数可得

$$\ln\frac{y}{y_m}=\sum_{i=1}^{n}\lambda_i\ln\frac{ET_i}{ET_{mi}} \tag{6-17}$$

令 $Z=\ln\dfrac{y}{y_m}$，$X_i=\ln\dfrac{ET_i}{ET_{mi}}$，可得到

$$Z=\lambda_1X_1+\lambda_2X_2+\cdots+\lambda_nX_n \tag{6-18}$$

设某年有非充分灌溉试验处理 m 组，处理编号 $j=1,2,\cdots,m$。玉米生育阶段划分为 n 个阶段，阶段序号为 $i=1,2,\cdots,n$。在 m 组处理中设置一组充分灌溉的处理，以便确定最大产量 y_m 及其相应的阶段蒸发蒸腾量 ET_{mi}（$i=1,2,\cdots,n$），其余 $m-1$ 组处理为非充分灌溉处理，应包含各个生育阶段不同受旱水平的多个处理，作为劣态性试验的对比观测。为获得唯一可行解，应满足 $m-1>n+1$，并尽可能地使 m 较大。处理设计中每个处理应至少设置两个重复，一般应经过 $2\sim3$ 年试验。

对于某一年试验，可得到表 6-7 的试验数据，其中 $X_{ji}=ET_{ji}/ET_{mi}$，$Z_j=y_j/y_m$，利用最小二乘法，可求得满足下式的 λ_i 值：

$$minQ = \sum_{j=1}^{m-1}(Z_j - \sum_{i=1}^{n}\lambda_i\chi_{ji})^2 \qquad (6-19)$$

令 $\dfrac{\partial Q}{\partial \lambda_i}=0$，即

$$\frac{\partial Q}{\partial \lambda_i} = -2\sum_{j=1}^{m-1}(Z_j - \sum_{i=1}^{n}\lambda_i x_{ji})\chi_{ji} = 0$$

表 6 – 7　　　　　　　　　玉米水分敏感指数回归分析数据

处理	变量							
	X_1	X_2	...	X_i	...	X_n	Z	Y
1	X_{11}	X_{12}	...	X_{1i}	...	X_{in}	Z_1	Y_1
2	X_{21}	X_{22}	...	X_{2i}	...	X_{2n}	Z_2	Y_2
⋮	⋮	⋮	...	⋮	⋮	⋮	⋮	⋮
j	X_{j1}	X_{j2}	...	X_{ji}	...	X_{jn}	Z_j	Y_j
⋮	⋮	⋮	...	⋮	⋮	⋮	⋮	⋮
$m-1$	$X_{m-1,1}$	$X_{m-1,2}$	...	$X_{m-1,i}$	...	$X_{m-1,n}$	Z_{m-1}	Y_{m-1}
和	T_1	T_2	...	T_j	...	T_n	T_z	T_y

解此方程，可得一组联立方程组

$$\left.\begin{array}{r}L_{11}\lambda_1+L_{12}\lambda_2+\cdots+L_{1n}\lambda_n=L_{1z}\\ L_{21}\lambda_1+L_{22}\lambda_2+\cdots+L_{2n}\lambda_n=L_{2z}\\ \vdots\\ L_{n1}\lambda_1+L_{n2}\lambda_2+\cdots+L_{nn}\lambda_n=L_{nz}\end{array}\right\} \qquad (6-20)$$

其中
$$L_{ik} = \sum_{j=1}^{m-1}x_{ji}x_{kj} \qquad (k=1,2,\cdots,n) \qquad (6-21)$$

$$L_{iz} = \sum_{j=1}^{m-1}x_{ji}Z_j \qquad (i=1,2,\cdots,n) \qquad (6-22)$$

利用式（6-19）求得 λ_i 后，即可用式（6-7）求得各处理的估计产量 $\hat{y}_j$，这样可求得 y 的总变异量 L_{yy}，并可以分解为回归平方和 U 和剩余全平方和 Q：

$$L_{yy} = \sum_{j=1}^{m-1}(y_j - \overline{y})^2 = \sum_{j=1}^{m-1}y^2 - \frac{T_y^2}{n} \quad （自由度\ f_y = m-2） \qquad (6-23)$$

$$U = \sum_{j=1}^{m-1}(\hat{y}_j - \overline{y})^2 \quad （自由度\ f_u = n） \qquad (6-24)$$

$$Q = \sum_{j=1}^{m-1}(\overline{y}_j - y_i)^2 \quad （自由度\ f_e = m-1-n-1 = m-n-2） \qquad (6-25)$$

其中
$$\overline{y} = \frac{1}{m-1}\sum_{j=1}^{m-1}y_j$$

上述拟合方程的方差

$$\sigma^2 = \frac{Q}{m-n-2} \qquad (6-26)$$

上述拟合方程的检验如下：

（1）F 检验法。对于给定的显著性水平 α，由试验值算得

$$F = \frac{U/n}{Q/(m-n-2)} \qquad (6-27)$$

若 $F > F_a(n, m-n-2)$ 表示多元线性回归极显著，所求得回归方程有效；若 $F \leqslant F_a(n, m-n-2)$ 表示多元线性回归不显著，所求得回归方程无效。

（2）复相关系数检验法。同样，用试验值可算得复相关系数：

$$|r| = \sqrt{1 - \frac{Q}{L_{yy}}} \qquad (6-28)$$

复相关系数 r 满足 $0 \leqslant |r| \leqslant 1$，对于给定的显著水平 α，若 $|r| > r_a(m-n-2)$，则认为线性回归显著，相应地回归方程可以被接受；若 $|r| \leqslant r_a(m-n-2)$，则认为线性回归不显著，相应回归方程不能被接受。$F_a(n, m-n-2)$ 和 $r_a(m-n-2)$ 查相关表求得。

利用山西省各试验站春玉米和夏玉米的试验资料，采用 Jenson 模型计算了阶段敏感指数，结果详见表 6-8 和表 6-9，玉米各生育阶段的水分敏感指数不同，体现了不同阶段缺水对产量的影响是不相同的这一重要现象。而且水分敏感指数值越大，相对缺水量的减少，引起的减产量也越大。所以，水分敏感指数值的大小，反映了玉米各生育阶段对缺水的敏感程度。玉米水分敏感指数值较好地反映了玉米不同生育期缺水减产的生物学特性：玉米缺水减产原因有两个方面：第一，因缺水产生水分胁迫，减少了玉米叶面蒸腾量，从而影响玉米体内的代谢过程，抑制了干物质转化和积累，导致减产；第二，因缺水造成玉米生理活动过程紊乱（如花期不遇等）和植物器官功能的衰退，影响正常生长发育，使玉米减产。第一种情况往往发生在根、叶生长为主的营养器官生长期（苗期），以及生殖器官基本建成后的产品形成期，即灌浆以后，这两个时期缺水减产程度较轻，所以这两个时期的水分敏感指数 λ 值较小；第二种情况缺水，可抑制幼穗分化，使穗抽不出。再者，由于需水强度越大，越易造成缺水，而开花授粉期，即玉米抽雄—灌浆阶段，处在气温最高的夏季，这一时期植株叶面积最大，是生理功能最旺盛的时期，一般日需水量都在 $3\,\mathrm{m}^3/$亩以上，是玉米全生育期需水高峰期，出现缺水机会最多。这也是造成这一阶段水分敏感指数值较大的一个重要原因。

由表 6-8 和表 6-9 可以看到，水分敏感指数 λ_i 在某一生育阶段有出现负值的现象，原因可能主要是处理数较少，即统计样本数不够。水分敏感指数求解采用多元回归分析的方法，属于统计方法。根据统计学原理，为了消除测试中误差

和其他一些未了解的因素的干扰，必须有足够的样本数。

表 6 - 8　　　　　　　山西省不同站点春玉米的阶段敏感指数计算结果

地区	试验站	生 育 阶 段					R^2	$F_{0.05}$
		播种—出苗	出苗—拔节	拔节—抽雄	抽雄—灌浆	灌浆—成熟		
大同朔州	大同御河	0.104	−0.006	−0.023	0.122	0.348	0.647	5.874
忻州	滹沱河	0.015	0.400	0.161	0.091	0.140	0.638	6.888
	小银河	0.881	−0.147	0.422	0.106	0.417	0.917	13.273
吕梁	临县湫水河	−0.687	−2.107	0.249	0.623	−0.108	0.558	6.309
	中心试验站	0.178	0.279	0.249	0.021	0.394	0.484	7.313
运城	夹马口	0.137	0.029	0.053	0.967	1.107	0.923	9.638
长治	黎城	−0.032	0.577	0.029	0.026	0.151	0.351	2.703
晋中	潇河	0.062	−0.411	0.349	0.019	−0.025	0.793	6.902

表 6 - 9　　　　　　　山西省不同站点夏玉米的阶段敏感指数计算结果

地区	试验站	生 育 阶 段				R^2	$F_{0.05}$
		播种—出苗	出苗—抽雄	抽雄—灌浆	灌浆—收获		
运城	夹马口	−1.836	1.527	0.038	0.514	0.874	8.710
临汾	霍泉	0.183	−0.093	0.144	0.344	0.284	2.079
	利民	−0.168	1.415	0.631	0.305	0.951	34.034

第七章　非充分灌溉制度

第一节　非充分灌溉的基本概念

一、充分灌溉的基本概念

充分灌溉是以获得高额稳定的单位面积产量为目标，要求玉米任何阶段都不因灌溉供水量不足，或者因灌溉供水不及时，导致玉米生长受到抑制而减产。要求玉米根系层土壤含水量或土壤水势控制在某一适宜范围内。当土壤水分因玉米蒸腾耗水降低到或接近于玉米适宜土壤含水率下限时，即进行灌溉。充分灌溉作为灌溉用水管理和灌溉制度设计基本理论依据，一直延续至今。然而，由于水资源紧缺，在灌溉用水管理实践中，充分灌溉的运行实践很难实现，特别是在干旱缺水地区。

首先是灌溉制度设计方法决定了充分灌溉运行管理是不可能的。在灌溉制度设计中采用了保证率的概念，即意味着只有在一定的保证率范围内能实现充分灌溉，如设计保证率为 75%，表示该灌溉制度设计能够保证在 100 年内只有 75 年达到充分灌溉，允许有 25 年不能满足玉米需水量要求。而在灌溉用水管理实践中，确定某一年是设计保证年还是非设计保证率年，由于降雨和气候等因素变化的随机性，是难以决定的，因此按充分灌溉方法进行灌溉用水管理决策可能不是最优决策；其次是按照充分灌溉设计灌溉制度，隐含了一个假定，即灌溉水价很低，或灌溉水费在农业生产成本中所占比例很小，以至可以忽略不计。这对于高效用水和保护性开发利用水资源是十分不利的；再者随着工业生产发展、居民生活水平的提高、工业和城镇生活用水显著增加，大量地挤占了农业用水，使得本来供水不足的农业用水更趋紧张，实现充分灌溉更加困难。在干旱半干旱地区的大部分灌区，已出现严重的灌溉面积萎缩和单位面积供水量减小。因此国外从 20 世纪 70 年代提出了非充分灌溉或称为有限灌溉的概念，国内从 20 世纪 80 年代，提出了经济用水与非充分灌溉概念。

二、非充分灌溉基本概念

早在 20 世纪初，人们（Briggs 和 Shantz，1913）就注意到了有效用水问题，并开始着手研究，但只是到了 20 世纪 60—70 年代才明确提出了有限灌溉等概念，并广泛系统地开展了非充分灌溉研究，如玉米水分生产函数研究，不同管理措施条件下玉米用水效率（单位产量的用水量）的研究等。由于水资源的严重紧缺，国内在 20 世纪 80 年代也开展了非充分灌溉研究。

非充分灌溉是指有意识地让玉米某些生育期受旱以减少灌溉用水量，把节约的水量用于玉米需水关键期，或用于其他经济效益更高的地方。非充分灌溉目标是使灌溉供水量或包括降水和土壤水全部水资源的单位水的产量或产值最高。非充分灌溉可以根据某些指标给出更严格的定义，如土壤水分、蒸发蒸腾量以及由此引出的水分胁迫指数等。

（1）土壤水分指标。有意识地减少玉米某一阶段的灌溉供水量，使玉米根层土壤水分低于适宜土壤水分下限值，称为非充分灌溉。不同玉米有不同的适宜土壤水分下限值，同一玉米不同生育期也有不同的适宜水分下限值。所以适宜土壤水分下限值是判断是否是非充分灌溉的一个重要指标。

（2）以玉米蒸发蒸腾量为指标的定义。根据玉米需水量的定义（FAO，1998），玉米需水量是指玉米正常生长条件下（不受旱，没有养分亏缺，没有病虫害）的玉米蒸发蒸腾量 ET_p，称为最大蒸发蒸腾量或潜在蒸发蒸腾量。当玉米某一阶段 i 不能得到及时适量灌溉而受旱时，玉米实际蒸发蒸腾量 ET 将小于玉米的最大蒸发蒸腾量，即 $ET_i < ET_{mi}$，表明可以通过玉米阶段蒸发蒸腾量判断玉米受旱的时间。由于灌溉供水不及时或灌溉供水不足导致玉米某个阶段受旱或几个阶段同时受旱，称为非充分灌溉。其缺水量 ET_D 可用 $ET_D = ET_p - ET$ 表示。对于充分灌溉玉米每个阶段的蒸发蒸腾量都不小于玉米相应阶段的需水量，即 ET_i 不小于 ET_{mi}。并根据蒸发蒸腾减小的数量提出了非充分灌溉玉米受旱程度判断标准，即

$$CWSI = 1 - \frac{ET}{ET_m} \qquad (7-1)$$

式中：$CWSI$ 为玉米水分胁迫指数（Crop Water Stress Index），或称为玉米相对缺水量。

三、非充分灌溉研究目的与主要研究内容

水资源紧缺是非充分灌溉提出的基本背景。因此非充分灌溉研究目的应包括两个方面，一是提高有限灌溉供水的产量或效益，在补充灌溉地区还应密切考虑当地降雨分布特性通过非充分灌溉技术提高降水利用率；二是用有限供水来维持农业生产和生态环境，实现农业生产特别是灌溉农业的可持续发展。主要研究内容应包括以下各项：

（1）考虑生态环境需求条件，维持当地农业生产持续发展所需要的最低限度灌溉供水量。

（2）植物水分胁迫条件下土壤-玉米-大气连续体系统中水分传输理论和高效用水机制，缺水条件下玉米蒸发蒸腾量的计算和预报。

（3）缺水对玉米的敏感性影响及其量化理论，土壤的水分特征和土壤水分有

效性评价。

（4）玉米水分生产函数的建模机理和玉米生长模拟技术。

（5）非充分灌溉试验原理与试验方法。

（6）不同组合种植模式在各种有限供水条件下施肥和农业管理投入等与产出效益关系分析研究。

（7）节水高产条件下，有限供水灌溉技术研究。如类似调亏灌溉和根系分区交替灌溉技术的开发研究。

（8）节水高产条件下，有限供水灌溉系统的优化管理理论的应用与模拟技术。诸如优化灌溉度与实时调控管理技术及其实施技术的开发研究。

四、非充分灌溉的理论依据

非充分灌溉目的就是有意识地适度减少单位耕地面积供水量，或减少玉米生长期的灌溉供水量，使玉米遭受一定程度的水分亏缺，而同时又不至于导致明显减产，从而较大幅度的提高用水效率。将节余的水量用于扩大灌溉面积达到更大范围的增产。但是玉米允许的水分亏缺程度，或产量与水分亏缺程度的关系如何，对此人们做了大量的水分亏缺对玉米生长和产量影响的生理生态方面的研究，为非充分灌溉提供了丰富的理论依据。主要表现在以下几个方面：

（1）植物抗旱生理研究结果表明，玉米具有对水分亏缺的适应机制，可用来增加玉米在遭受干旱逆境时的定值、生长、发育和生产能力。这种机制表现为玉米的逃旱（或避旱）和耐旱（或抗旱）作用。逃旱是指在土壤有效水分耗尽前，玉米提前成熟；耐旱是指可增加玉米对逆境耐性的适应能力，如延迟脱水和增加耐脱水能力。不同玉米对水分亏缺在一定程度上有自动调节能力，如玉米在炎热的天气下会自动卷叶，就是一种减少蒸腾，缓解干旱程度的自身调节机制的表现。

（2）光合作用与蒸腾对气孔开度的反应不同，使得光合作用对干旱的反应滞后于蒸腾。观测结果表明，玉米叶片的光合速率与蒸腾速率对气孔开度的反应不同，一般条件下，光合速度随气孔开度增加而增加，但气孔开度达到某一值时，光合速率增加不再明显；而蒸腾速率则随气孔开度增大而线性增加。在充分供水、气孔充分张开的条件下，即使（适度干旱）使气孔开度变小，即气孔阻力增加，其光合速率下降较小，而蒸腾失水会大量减少。因此，可以不牺牲或少量地减少玉米光合产物积累，减小蒸腾耗水损失而达到节水目的。

（3）有限水分亏缺下的玉米生长补偿效应，补偿生长是生物界普遍存在的一种现象，干旱时玉米的生长减慢或停止，但复水后短期内生长速率会迅速增加，并超过一直不受旱的玉米，表现出生长的补偿效应。除了这种生长上的补偿效应外，玉米在其生长发育的早期经受适度干旱，还可以增强后期对干旱的抵抗能力。再如玉米的"蹲苗"也是玉米这种干旱补偿效应有效使用的例子。而且这种补偿效应不仅表现在玉米的生长反应上，在各种生理反应和产量上也有所表现，如光合速率提高、物质运输加快和玉米产量经济系数提高等。

（4）数量经济学和系统工程学的最优化理论，为提高单位灌溉水的生产效率、优化玉米灌溉制度设计和玉米的种植结构、拟定系统的用水计划和实现灌区目标规划的非充分灌溉，提供了科学的管理理论，也是非充分灌溉系统管理的理论基础。

五、非充分灌溉制度

非充分供水的灌溉制度是指灌溉供水紧缺，有意的，或因客观的、自然的原因，不能满足玉米需水要求，导致玉米因受旱减产。依据可供灌溉水资源情况，或追求目标不同，玉米非充分供水的灌溉制度又可分为经济用水的灌溉制度、限额供水的灌溉制度，以及调亏灌溉条件下的灌溉制度。

经济用水的灌溉制度是指因水资源紧缺，灌溉供水水价较高，灌溉供水水费已在农业生产成本中占有足够大的比例，已不能再忽略不计，而寻求适量的灌溉，使得因灌溉增产与投入之间合理平衡而获得最大纯收益。经济用水灌溉制度也有两个不同的追求目标：一个是通过合理确定灌溉供水量，使单位面积纯收益最大；另一个是通过合理确定灌溉供水量，使单位水资源的纯收益最大。

限额供水的灌溉制度是指水资源不能满足玉米需水要求，或是水量不足，或是灌溉供水时间不及时。限额供水灌溉制度目标是通过灌溉供水时间或供水数量的合理调节，使得有限水资源能生产出尽可能高的玉米产量或玉米产值。

第二节　经济用水灌溉制度

经济灌溉是非充分灌溉中的两个重要概念。经济灌溉是指灌溉供水不受限制条件下，以单位耕地面积收益最大为目标确定的玉米灌溉用水定额及其灌溉制度。经济灌溉研究目的是确定玉米在优化供水条件下的经济灌溉定额，为灌溉工程新建、改建规划设计提供基本依据。

前面的充分灌溉制度是以玉米的产量最大为目标，而生产实际中农户是以增产效益最大为目标，因此要研究玉米经济用水的灌溉制度。玉米经济效益指的是灌水之后所得的效益值再扣除所用水的费用所得：

$$P_{效益} = YP_Y - \frac{P_w M}{1.5\eta} \qquad (7-2)$$

式中：$P_{效益}$ 为每公顷玉米的增产效益，元/hm^2；Y 为灌水后的平均产量，t/hm^2；P_w 为灌溉用水价格，元/m^3，取 0.3；P_Y 为玉米收购价格，元/t；M 为灌溉定额，mm；η 为灌溉水利用系数，取 0.5。

产量 Y 用 Jenson 模型：$\dfrac{y}{y_m} = \prod\limits_{i=1}^{n} \left(\dfrac{ET_i}{ET_{mi}}\right)_i^{\lambda_i}$ 进行计算，式中 λ_i 根据表 6-8 和

表 6-9 选用。

各阶段的最大蒸发蒸腾量 ET_{mi} 用下式进行计算：

$$ET_{mi} = K_{ci}ET_{0i} \qquad (7-3)$$

各阶段的实际蒸发蒸腾量用下式进行计算：

$$ET_i = K_s K_{ci} ET_{mi} \qquad (7-4)$$

式中：K_s 为土壤水分修正系数，用下式进行计算：

$$K_s = \frac{\theta - \theta_{wP}}{\theta_j - \theta_{wP}} \qquad (7-5)$$

下面以忻州原平为例说明经济灌溉制度及限额灌溉制度的计算过程：

原平种植春玉米，生育期为每年的 5 月 1 日到 9 月 22 日，共 145 天，首先确定各参数值，临汾地区的各参数取值见表 7-1。

表 7-1　　　　　山西省临汾地区田间持水率、土壤容重等参数取值表

田间持水率/%	24	临界土壤含水率/%	18.0
计算深度/m	1.0	初始土壤含水率/%	19.6
土壤容重/(g/cm³)	1.40		

参考表 6-9 的取值，考虑当地的历史数据资料，水分敏感指数取值见表 7-2。

表 7-2　　　　　　　　山西省临汾水分敏感指数取值表

播种—出苗	出苗—抽雄	抽雄—灌浆	灌浆—收获
0.0114	0.0861	0.568	0.125

根据当地实际资料，玉米的最大产量取 11.25t/hm²。根据当地的气象资料，利用彭曼-蒙蒂斯公式计算参考作物蒸发蒸腾量 ET_0，利用公式 $ET_m = K_c ET_0$ 计算每日的需水量，利用式（7-3）计算阶段最大蒸发蒸腾量，利用式（7-4）计算各阶段的实际蒸发蒸腾量，当土壤含水量低于临界土壤含水量时，将会发生水分胁迫，土壤水分修正系数 K_s 利用式（7-5）计算。利用水量平衡方程预测逐日土壤含水量，发生水分胁迫后即认为玉米将减产，玉米产量采用 Jenson 模型：$\frac{y}{y_m} = \prod_{i=1}^{n} \left(\frac{ET_i}{ET_{mi}} \right)_i^{\lambda_i}$ 计算。效益按照式（7-2）进行计算。现将原平 95% 水文年灌水为 3 次时的计算结果见表 7-3。

根据上述过程计算得出：原平在不同水文年下的经济灌溉制度、限额灌溉制度计算结果见表 7-4。

当灌水次数不同即灌溉定额不同时，玉米的产量不同，效益也不同。当效益最大时对应的灌溉制度为经济灌溉制度，当产量最大时对应的灌溉制度为充分灌溉制度，一般情况下经济灌溉制度小于充分灌溉制度。

表7-3　　原平95%水文年灌水3次经济灌溉制度、限额灌溉制度计算结果

日期（年·月·日）	降水量	参考作物发蒸腾量	作物系数 K_c	作物需水量 ET_m /mm	第一次灌水 X_1	第二次灌水 X_2	第三次灌水 X_3	灌水量 I /mm	土壤含水率 θ/%	土壤分修正系数 K_s	土壤含水量 W_0	ET_a /mm	含水量 W_t	产量	效益
1986.5.1	0	4.2	0.30	1.3	0	0	0	0	19.6	1.00	274.4	1.3	273.1		
1986.5.2	0.1	4.1	0.30	1.2	0	0	0	0	19.5	1.00	273.1	1.2	272.0		
1986.5.3	0	3.9	0.30	1.2	0	0	0	0	19.4	1.00	272.0	1.2	270.8		
1986.5.4	0.1	2.5	0.30	0.8	0	0	0	0	19.3	1.00	270.8	0.8	270.2		
1986.5.5	0	4.7	0.30	1.4	0	0	0	0	19.3	1.00	270.2	1.4	268.8		
1986.5.6	0	5.4	0.30	1.6	0	0	0	0	19.2	1.00	268.8	1.6	267.2		
1986.5.7	0	5.1	0.30	1.5	0	0	0	0	19.1	1.00	267.2	1.5	265.6		
1986.5.8	0	7.4	0.30	2.2	0	0	0	0	19.0	1.00	265.6	2.2	263.4		
1986.5.9	0.5	4.3	0.30	1.3	0	0	0	0	18.8	1.00	263.4	1.3	262.6		
1986.5.10	2.7	3.9	0.30	1.2	0	0	0	0	18.8	1.00	262.6	1.2	264.2	11.1	20776.5
1986.5.11	0	4.3	0.30	1.3	0	0	0	0	18.9	1.00	264.2	1.3	262.9		
1986.5.12	0	6.3	0.30	1.9	0	0	0	0	18.8	1.00	262.9	1.9	261.0		
1986.5.13	0	8.1	0.30	2.4	0	0	0	0	18.6	1.00	261.0	2.4	258.6		
1986.5.14	0	5.9	0.30	1.8	0	0	0	0	18.5	1.00	258.6	1.8	256.8		
1986.5.15	0	4.8	0.30	1.5	0	0	0	0	18.3	1.00	256.8	1.5	255.3		
1986.5.16	0.1	6.1	0.30	1.8	0	0	0	0	18.2	1.00	255.3	1.8	253.6		
1986.5.17	0.1	5.0	0.30	1.5	0	0	0	0	18.1	1.00	253.6	1.5	252.2		
1986.5.18	10.9	2.0	0.30	0.6	0	0	0	0	18.0	1.00	252.2	0.6	262.5		
1986.5.19	0.1	3.3	0.30	1.0	0	0	0	0	18.7	1.00	262.5	1.0	261.6		

续表

日期/（年·月·日）	降水量	参考作物蒸发蒸腾量	作物系数 K_c	作物需水量 ET_m/mm	第一次灌水 X_1	第二次灌水 X_2	第三次灌水 X_3	灌水量 I/mm	土壤含水率 θ/%	土壤水分修正系数 K_s	土壤水含水量 W_0	ET_a/mm	含水量 W_t	产量	效益
1986.5.20	0	5.8	0.30	1.7	0	0	0	0	18.7	1.00	261.6	1.7	259.8		
1986.5.21	0	4.9	0.30	1.5	0	0	0	0	18.6	1.00	259.8	1.5	258.4		
1986.5.22	0	6.1	0.30	1.8	0	0	0	0	18.5	1.00	258.4	1.8	256.5		
1986.5.23	0	4.1	0.30	1.2	0	0	0	0	18.3	1.00	256.5	1.2	255.3		
1986.5.24	0.2	3.5	0.30	1.0	0	0	0	0	18.2	1.00	255.3	1.0	254.5		
1986.5.25	17.5	1.7	0.30	0.5	0	0	0	0	18.2	1.00	254.5	0.5	271.5		
1986.5.26	0	3.5	0.32	1.1	0	0	0	0	19.4	1.00	271.5	1.1	270.3		
1986.5.27	0	4.3	0.35	1.5	0	0	0	0	19.3	1.00	270.3	1.5	268.9		
1986.5.28	2.2	4.2	0.37	1.6	0	0	0	0	19.2	1.00	268.9	1.6	269.5		
1986.5.29	0	4.4	0.39	1.7	0	0	0	0	19.2	1.00	269.5	1.7	267.8		
1986.5.30	0.1	2.4	0.41	1.0	0	0	0	0	19.1	1.00	267.8	1.0	266.9		
1986.5.31	0	5.5	0.44	2.4	0	0	0	0	19.1	1.00	266.9	2.4	264.5		
1986.6.1	0	4.7	0.46	2.1	0	0	0	0	18.9	1.00	264.5	2.1	262.3		
1986.6.2	0	5.9	0.48	2.8	0	0	0	0	18.7	1.00	262.3	2.8	259.5		
1986.6.3	0	7.0	0.50	3.5	0	0	0	0	18.5	1.00	259.5	3.5	256.0		
1986.6.4	0	7.1	0.53	3.7	0	0	0	0	18.3	1.00	256.0	3.7	252.3		
1986.6.5	0	5.5	0.55	3.0	75	0	0	75	18.0	1.00	252.3	3.0	324.3	11.1	20776.5
1986.6.6	0	5.3	0.57	3.0	0	0	0	0	23.2	1.00	324.3	3.0	321.3		
1986.6.7	0	6.2	0.59	3.7	0	0	0	0	22.9	1.00	321.3	3.7	317.6		

续表

日 期 /（年·月·日）	降水量	参考作物蒸发蒸腾量	作物系数 K_c	作物需水量 ET_m /mm	第一次灌水 X_1	第二次灌水 X_2	第三次灌水 X_3	灌水量 I/mm	土壤含水率 θ/%	土壤水分修正系数 K_s	土壤含水量 W_0	ET_a /mm	含水量 W_t	产量	效益
1986.6.8	0	5.9	0.62	3.6	0	0	0	0	22.7	1.00	317.6	3.6	313.9		
1986.6.9	0.3	2.9	0.64	1.8	0	0	0	0	22.4	1.00	313.9	1.8	312.4		
1986.6.10	0	5.0	0.66	3.3	0	0	0	0	22.3	1.00	312.4	3.3	309.1		
1986.6.11	0.1	3.2	0.68	2.2	0	0	0	0	22.1	1.00	309.1	2.2	307.0		
1986.6.12	0	5.8	0.71	4.1	0	0	0	0	21.9	1.00	307.0	4.1	302.9		
1986.6.13	0.1	3.9	0.73	2.8	0	0	0	0	21.6	1.00	302.9	2.8	300.2		
1986.6.14	5.6	1.7	0.75	1.2	0	0	0	0	21.4	1.00	300.2	1.2	304.6		
1986.6.15	0.1	4.0	0.77	3.1	0	0	0	0	21.8	1.00	304.6	3.1	301.6		
1986.6.16	0.1	6.6	0.80	5.3	0	0	0	0	21.5	1.00	301.6	5.3	296.4		
1986.6.17	0	5.8	0.82	4.7	0	0	0	0	21.2	1.00	296.4	4.7	291.7		
1986.6.18	0	5.5	0.84	4.7	0	0	0	0	20.8	1.00	291.7	4.7	287.0		
1986.6.19	2.7	2.9	0.86	2.5	0	0	0	0	20.5	1.00	287.0	2.5	287.3		
1986.6.20	1.4	4.6	0.89	4.0	0	0	0	0	20.5	1.00	287.3	4.0	284.6		
1986.6.21	0.1	4.2	0.91	3.8	0	0	0	0	20.3	1.00	284.6	3.8	280.9		
1986.6.22	2	3.8	0.93	3.6	0	0	0	0	20.1	1.00	280.9	3.6	279.4		
1986.6.23	0.1	4.6	0.95	4.4	0	0	0	0	20.0	1.00	279.4	4.4	275.1		
1986.6.24	0	5.3	0.97	5.1	0	0	0	0	19.6	1.00	275.1	5.1	270.0		
1986.6.25	0.1	3.5	1.00	3.5	0	0	0	0	19.3	1.00	270.0	3.5	266.6		
1986.6.26	64.9	1.5	1.02	1.5	0	0	0	0	19.0	1.00	266.6	1.5	329.9	11.1	20776.5

续表

日期 (年.月.日)	降水量	参考作物蒸发蒸腾量	作物系数 K_c	作物需水量 ET_m /mm	第一次灌水 X_1	第二次灌水 X_2	第三次灌水 X_3	灌水量 I/mm	土壤含水率 θ/%	土壤水分修正系数 K_s	土壤含水量 W_0	ET_a /mm	含水量 W_t	产量	效益
1986.6.27	4.3	4.9	1.04	5.1	0	0	0	0	23.6	1.00	329.9	5.1	329.1		
1986.6.28	0	5.9	1.07	6.3	0	0	0	0	23.5	1.00	329.1	6.3	322.8		
1986.6.29	0	4.9	1.09	5.3	0	0	0	0	23.1	1.00	322.8	5.3	317.5		
1986.6.30	0	4.4	1.11	4.9	0	0	0	0	22.7	1.00	317.5	4.9	312.6		
1986.7.1	0	4.2	1.13	4.8	0	0	0	0	22.3	1.00	312.6	4.8	307.8		
1986.7.2	0.1	2.3	1.16	2.6	0	0	0	0	22.0	1.00	307.8	2.6	305.3		
1986.7.3	4.2	3.0	1.18	3.5	0	0	0	0	21.8	1.00	305.3	3.5	306.0		
1986.7.4	0.1	5.2	1.20	6.2	0	0	0	0	21.9	1.00	306.0	6.2	299.8		
1986.7.5	0	5.3	1.20	6.4	0	0	0	0	21.4	1.00	299.8	6.4	293.5		
1986.7.6	0.9	5.5	1.20	6.6	0	0	0	0	21.0	1.00	293.5	6.6	287.8		
1986.7.7	0.5	5.0	1.20	6.1	0	0	0	0	20.6	1.00	287.8	6.1	282.3		
1986.7.8	0.1	4.3	1.20	5.2	0	0	0	0	20.2	1.00	282.3	5.2	277.2		
1986.7.9	3.2	3.9	1.20	4.7	0	0	0	0	19.8	1.00	277.2	4.7	275.7		
1986.7.10	1.2	4.6	1.20	5.5	0	0	0	0	19.7	1.00	275.7	5.5	271.4		
1986.7.11	0	4.8	1.20	5.8	0	0	0	0	19.4	1.00	271.4	5.8	265.6		
1986.7.12	0.1	2.2	1.20	2.6	0	0	0	0	19.0	1.00	265.6	2.6	263.1		
1986.7.13	0.1	4.6	1.20	5.5	0	0	0	0	18.8	1.00	263.1	5.5	257.7		
1986.7.14	0	5.4	1.20	6.5	0	75	0	75	18.4	1.00	257.7	6.5	326.3	11.1	20776.5
1986.7.15	0.1	4.5	1.20	5.4	0	0	0	0	23.3	1.00	326.3	5.4	320.9		

续表

日 期/(年·月·日)	降水量	参考作物发蒸腾量	作物系数 K_c	作物需水量 ET_m/mm	第一次灌水 X_1	第二次灌水 X_2	第三次灌水 X_3	灌水量 I/mm	土壤含水率 θ/%	土壤水分修正系数 K_s	土壤含水量 W_0	ET_a/mm	含水量 W_t	产量	效益
1986.7.16	2.2	4.6	1.20	5.5	0	0	0	0	22.9	1.00	320.9	5.5	317.6		
1986.7.17	1.2	3.2	1.20	3.9	0	0	0	0	22.7	1.00	317.6	3.9	314.9		
1986.7.18	0.2	4.2	1.20	5.0	0	0	0	0	22.5	1.00	314.9	5.0	310.1		
1986.7.19	0.2	4.1	1.20	4.9	0	0	0	0	22.1	1.00	310.1	4.9	305.3		
1986.7.20	0	4.2	1.20	5.0	0	0	0	0	21.8	1.00	305.3	5.0	300.3		
1986.7.21	0.8	4.6	1.20	5.5	0	0	0	0	21.4	1.00	300.3	5.5	295.6		
1986.7.22	0	4.8	1.20	5.7	0	0	0	0	21.1	1.00	295.6	5.7	289.9		
1986.7.23	0.9	4.6	1.20	5.5	0	0	0	0	20.7	1.00	289.9	5.5	285.2		
1986.7.24	0.7	3.8	1.20	4.5	0	0	0	0	20.4	1.00	285.2	4.5	281.4		
1986.7.25	0.1	5.0	1.20	6.0	0	0	0	0	20.1	1.00	281.4	6.0	275.5	11.1	20776.5
1986.7.26	0.9	4.2	1.20	5.1	0	0	0	0	19.7	1.00	275.5	5.1	271.3		
1986.7.27	1.3	4.2	1.20	5.1	0	0	0	0	19.4	1.00	271.3	5.1	267.5		
1986.7.28	0.1	2.8	1.20	3.4	0	0	0	0	19.1	1.00	267.5	3.4	264.2		
1986.7.29	4.4	2.5	1.20	3.0	0	0	0	0	18.9	1.00	264.2	3.0	265.6		
1986.7.30	0.6	2.7	1.20	3.2	0	0	0	0	19.0	1.00	265.6	3.2	263.0		
1986.7.31	2.9	3.0	1.20	3.7	0	0	0	0	18.8	1.00	263.0	3.7	262.2		
1986.8.1	0	4.8	1.20	5.8	0	0	75	75	18.7	1.00	262.2	5.8	256.5		
1986.8.2	0.1	5.0	1.20	6.0	0	0	0	0	18.3	1.00	256.5	6.0	325.6		
1986.8.3	0	4.7	1.20	5.6	0	0	0	0	23.3	1.00	325.6	5.6	320.0		

续表

日 期 /(年·月·日)	降水量	参考作物蒸发蒸腾量	作物系数 K_c	作物需水量 ET_m/mm	第一次灌水 X_1	第二次灌水 X_2	第三次灌水 X_3	灌水量 I/mm	土壤含水率 θ/%	土壤水分修正系数 K_s	土壤含水量 W_0	ET_a/mm	含水量 W_t	产量	效益
1986.8.4	1.4	2.9	1.20	3.5	0	0	0	0	22.9	1.00	320.0	3.5	317.9		
1986.8.5	1.7	2.7	1.20	3.2	0	0	0	0	22.7	1.00	317.9	3.2	316.4		
1986.8.6	0	4.1	1.20	5.0	0	0	0	0	22.6	1.00	316.4	5.0	311.4		
1986.8.7	0	4.2	1.20	5.1	0	0	0	0	22.2	1.00	311.4	5.1	306.3		
1986.8.8	0.1	4.1	1.20	4.9	0	0	0	0	21.9	1.00	306.3	4.9	301.5		
1986.8.9	0.1	4.3	1.20	5.2	0	0	0	0	21.5	1.00	301.5	5.2	296.4		
1986.8.10	0	5.4	1.20	6.5	0	0	0	0	21.2	1.00	296.4	6.5	289.9		
1986.8.11	0	4.3	1.20	5.2	0	0	0	0	20.7	1.00	289.9	5.2	284.7		
1986.8.12	5.8	3.2	1.20	3.9	0	0	0	0	20.3	1.00	284.7	3.9	286.6	11.1	20776.5
1986.8.13	0	4.1	1.20	5.0	0	0	0	0	20.5	1.00	286.6	5.0	281.7		
1986.8.14	13.6	1.9	1.20	2.3	0	0	0	0	20.1	1.00	281.7	2.3	293.0		
1986.8.15	1.5	2.9	1.20	3.5	0	0	0	0	20.9	1.00	293.0	3.5	291.0		
1986.8.16	0	3.9	1.20	4.7	0	0	0	0	20.8	1.00	291.0	4.7	286.4		
1986.8.17	0	3.5	1.20	4.2	0	0	0	0	20.5	1.00	286.4	4.2	282.2		
1986.8.18	0.1	1.7	1.20	2.0	0	0	0	0	20.2	1.00	282.2	2.0	280.3		
1986.8.19	0.1	3.7	1.20	4.4	0	0	0	0	20.0	1.00	280.3	4.4	276.0		
1986.8.20	0.1	4.2	1.20	5.0	0	0	0	0	19.7	1.00	276.0	5.0	271.0		
1986.8.21	0	4.3	1.20	5.2	0	0	0	0	19.4	1.00	271.0	5.2	265.8		

日期/(年·月·日)	降水量	参考作物蒸发量	作物系数 K_c	作物需水量 ET_m/mm	第一次灌水 X_1	第二次灌水 X_2	第三次灌水 X_3	灌水量 I/mm	土壤含水率 θ/%	土壤水分修正系数 K_s	土壤含水量 W_0	ET_a/mm	含水量 W_t	产量	效益
1986.8.22	0	4.1	1.20	4.9	0	0	0	0	19.0	1.00	265.8	4.9	260.9		20776.5
1986.8.23	3.5	1.6	1.20	1.9	0	0	0	0	18.6	1.00	260.9	1.9	262.5		
1986.8.24	0	3.8	1.20	4.6	0	0	0	0	18.7	1.00	262.5	4.6	257.9		
1986.8.25	0	4.0	1.20	4.8	0	0	0	0	18.4	1.00	257.9	4.8	253.1		
1986.8.26	0	3.6	1.20	4.3	0	0	0	0	18.1	1.00	253.1	4.3	248.8		
1986.8.27	0	4.1	1.20	5.0	0	0	0	0	17.8	0.98	248.8	4.9	243.9		
1986.8.28	0	3.6	1.20	4.3	0	0	0	0	17.4	0.95	243.9	4.1	239.8		
1986.8.29	0	3.1	1.17	3.7	0	0	0	0	17.1	0.93	239.8	3.4	236.4		
1986.8.30	0.1	3.5	1.13	3.9	0	0	0	0	16.9	0.91	236.4	3.5	233.0	11.1	
1986.8.31	0.1	3.2	1.10	3.5	0	0	0	0	16.6	0.89	233.0	3.1	230.0		
1986.9.1	0.7	2.4	1.07	2.5	0	0	0	0	16.4	0.87	230.0	2.2	228.5		
1986.9.2	0	4.8	1.03	5.0	0	0	0	0	16.3	0.86	228.5	4.3	224.2		
1986.9.3	0	4.2	1.00	4.2	0	0	0	0	16.0	0.83	224.2	3.5	220.8		
1986.9.4	0	3.6	0.97	3.5	0	0	0	0	15.8	0.81	220.8	2.8	217.9		
1986.9.5	0.1	2.9	0.93	2.7	0	0	0	0	15.6	0.80	217.9	2.1	215.9		
1986.9.6	0.1	1.9	0.90	1.7	0	0	0	0	15.4	0.79	215.9	1.3	214.6		
1986.9.7	0.9	2.9	0.87	2.6	0	0	0	0	15.3	0.78	214.6	2.0	213.6		

续表

日期（年.月.日）	降水量	参考作物蒸发蒸腾量	作物系数 K_c	作物需水量 ET_m /mm	第一次灌水 X_1	第二次灌水 X_2	第三次灌水 X_3	灌水量 I/mm	土壤含水率 θ/%	土壤水分修正系数 K_s	土壤含水量 W_0	ET_a /mm	含水量 W_t	产量	效益
1986.9.8	0	3.7	0.83	3.1	0	0	0	0	15.3	0.77	213.6	2.4	211.1		
1986.9.9	0	2.6	0.80	2.1	0	0	0	0	15.1	0.76	211.1	1.6	209.6		
1986.9.10	0.1	2.4	0.77	1.8	0	0	0	0	15.0	0.75	209.6	1.4	208.3		
1986.9.11	0.1	4.1	0.74	3.0	0	0	0	0	14.9	0.74	208.3	2.2	206.2		
1986.9.12	0	3.8	0.70	2.6	0	0	0	0	14.7	0.73	206.2	1.9	204.2		
1986.9.13	0	3.3	0.67	2.2	0	0	0	0	14.6	0.72	204.2	1.6	202.7		
1986.9.14	6.5	2.1	0.64	1.4	0	0	0	0	14.5	0.71	202.7	1.0	208.2		
1986.9.15	0.1	2.8	0.60	1.7	0	0	0	0	14.9	0.74	208.2	1.2	207.1	11.1	20776.5
1986.9.16	0.2	4.5	0.57	2.6	0	0	0	0	14.8	0.73	207.1	1.9	205.4		
1986.9.17	0	3.5	0.54	1.9	0	0	0	0	14.7	0.72	205.4	1.4	204.0		
1986.9.18	0	3.0	0.50	1.5	0	0	0	0	14.6	0.71	204.0	1.1	202.9		
1986.9.19	0	3.3	0.47	1.6	0	0	0	0	14.5	0.71	202.9	1.1	201.8		
1986.9.20	0	3.9	0.44	1.7	0	0	0	0	14.4	0.70	201.8	1.2	200.7		
1986.9.21	0	2.9	0.40	1.2	0	0	0	0	14.3	0.69	200.7	0.8	199.8		
1986.9.22	0	3.8	0.37	1.4	0	0	0	0	14.3	0.69	199.8	1.0	198.9		

表 7-4 原平不同水文年经济灌溉制度、限额灌溉制度计算结果

水文年	灌溉定额/mm	灌水时间（以播种日算起的天数表示）	产量/(t/hm²)	效益/(元/hm²)	ET_a/mm	ET_m/mm	ET_0/mm	渗漏量/mm
50%	0	0	10.7	21478.0	380.0	393.7577	491.1078	0
	75	34	11.3	22050.0	393.8			13.2
75%	0	0	7.1	14228.1	325.2	465.0066	548.8856	0
	75	58	9.6	18756.6	389.4			0
	150	49/59	10.2	20814.0	443.9			0
	225	35/59/90	11.3	21150.0	465.0			12.9
95%	0	0	7.2	14322.5	322.3	494.4272	598.551	0
	75	61	9.1	17819.5	384.6			0
	150	61/79	10.4	19960.1	438.1			0
	225	36/75/94	11.1	20776.5	481.2			0
	300	36/75/94/118	11.3	20700.0	494.4			0

由表 7-4 可以看出对于不同水文年随着灌溉定额的增加，产量逐渐增加，当达到充分灌溉时产量最大，但是经济效益随着灌溉定额的增加先增加后减小，经济效益最大时对应的灌溉制度为经济灌溉制度。

由表 7-4 可得：50% 水文年下灌水次数为 0，灌溉定额为 0 时，效益为 17754.2 元/hm²；当灌水次数为 1 次，灌溉定额为 75mm 时，效益为 17534.5 元/hm²。当灌水次数增加后效益减小，效益最大时所对应的灌溉制度为经济灌溉制度，所以对于 50% 水文年的经济灌溉制度为灌水 0 次，灌溉定额为 0。由表 7-5 可得原平不同水文年的充分灌溉制度：对于 50% 水文年情况下充分灌溉制度为灌溉定额为 75mm，灌水次数为 1 次。根据结果可以看出，经济灌溉定额小于充分灌溉定额。

表 7-5 原平不同水文年充分灌溉制度

水文年	作物生育期降水量/mm	有效降水量/mm	播前土壤贮水量/mm	收获土壤贮水量/mm	播前土壤水利用量/mm	田间总耗水量/mm	灌水定额/mm	灌水次数	灌溉时间
50%	357.5	348.5	268.8	298.5	−29.7	393.8	75	1	57
75%	279.7	271.0	268.8	299.8	−31.0	465.0	225	3	51/69/95
95%	180.7	180.7	268.8	255.1	13.7	494.4	300	4	49/81/100/128

75% 水文年时原平春玉米的经济灌溉定额和充分灌溉定额相同，均为 225mm，这是因为在本书中灌溉制度是以灌水次数进行计算的，灌溉定额只能

以 75mm 的整数倍递增，刚好灌 3 次水时，经济效益达到最大，同时产量也最大。

95％水文年时原平春玉米的经济灌溉制度为灌水 3 次，灌溉定额为 225mm，玉米的实际耗水量为 481.2mm，而充分灌溉制度为灌水 4 次，灌溉定额为 300mm，实际耗水量为 494.4mm，经济灌溉定额小于充分灌溉定额。

限额灌溉制度的灌溉定额应小于经济灌溉的灌溉定额，因此在第七章第三节中的限额灌溉制度中删掉了灌溉定额大于经济灌溉定额的情况，具体可见表 7－8 和表 7－9。

对于其他地区的经济灌溉制度和限额灌溉制度的计算过程与上述原平的计算过程相同。

表 7－6 和表 7－7 分析给出了大同、原平、太原、离石、临汾、长治、运城、晋中地区的春玉米、夏玉米经济灌溉制度。由表中数据可以看出，一般情况下 50％水文年的效益最大，95％水文年的效益最小，75％水文年的居中。原因为 50％水文年的降雨量最大，而玉米的实际耗水量小，因此所需灌溉定额较小时就能达到较高的产量从而达到最大效益，而 95％水文年的降雨量小，气温高，湿度小，大气蒸发能力强，玉米实际耗水量大，因此要达到最大效益所需的灌水量相对较大，相应的经济效益降低。当生育期内的降雨量分布不利于作物生长时会出现 75％水文年最大效益时所对应的灌溉定额小于 50％水文年，而相应的 75％水文年的最大效益高于 50％水文年的，如介休 50％水文年的经济灌溉制度的灌溉定额为 150mm，效益为 21203.8 元/hm^2；75％水文年的灌溉定额为 75mm，效益为 21617.1 元/hm^2。

表 7－6　　　　　　　　　　　　　春玉米经济灌溉制度

地区	典型县	水文年	灌水次数	灌溉定额/mm	灌水时间（以播种日算起的天数表示）	产量/(t/hm^2)	效益/(元/hm^2)	ET_a/mm	ET_m/mm	ET_0/mm	渗漏量/mm
大同	大同	50％	3	225	52/75/106	11.2	20540.4	518.1	521.5	592.1	0
		75％	3	225	18/72/90	11.0	20238.5	501.4	513.9	609.6	0
		95％	4	300	50/65/79/104	10.5	18517.1	508.3	558.2	645.9	0
晋中	太原	50％	1	75	34	11.3	22050.0	398.0	398.0	488.5	0
		75％	2	150	45/77	11.2	21555.4	415.5	417.5	496.7	0
		95％	3	225	40/53/96	11.1	20805.8	480.1	495.4	592.2	0
	介休	50％	2	150	42/60	11.1	21203.8	374.2	382.5	462.6	70.3
		75％	1	75	53	11.0	21617.1	402.6	416.4	492.8	12.8
		95％	2	150	42/61	11.0	21171.7	451.1	467.0	562.3	0

续表

地区	典型县	水文年	灌水次数	灌溉定额/mm	灌水时间(以播种日算起的天数表示)	产量/(t/hm²)	效益/(元/hm²)	ET_a/mm	ET_m/mm	ET_0/mm	渗漏量/mm
晋中	阳泉	50%	1	75	51	9.7	18967.9	394.4	446.7	547.5	20.3
		75%	1	75	86	11.2	22026.4	428.3	429.2	510.3	15.2
		95%	2	150	66/95	11.3	21600.0	412.2	412.2	475.1	0
	榆社	50%	1	75	77	11.3	22050.0	373.7	373.7	440.5	28.9
		75%	1	75	70	11.1	21721.6	406.0	412.5	499.4	0
		95%	2	150	41/74	11.2	21446.3	417.1	422.4	504.0	0
离石	离石	50%	1	75	33	11.1	21765.3	442.7	450.8	564.5	0
		75%	1	75	98	11.2	21898.1	446.1	449.4	546.7	0
		95%	4	300	40/60/83/98	11.1	19716.2	572.7	574.3	673.7	44.5
	兴县	50%	1	75	45	11.1	21762.4	420.8	429.7	517.5	0
		75%	2	150	37/88	11.2	21594.9	449.2	449.4	546.7	0.2
		95%	4	300	59/62/70/90	11.0	20115.2	534.5	574.3	673.7	0
忻州	河曲	50%	1	75	58	9.7	18866.1	388.1	444.1	522.4	0
		75%	2	150	56/73	10.9	20885.5	448.4	479.5	569.4	0.8
		95%	3	225	30/71/93	11.2	21133.8	410.1	410.4	513.5	0
忻州	五寨	50%	1	75	27	11.2	21878.3	401.6	401.7	497.2	0
		75%	1	75	58	10.8	21173.6	410.4	431.9	522.4	25.1
		95%	4	300	56/62/73/94	11.2	20643.7	478.9	502.6	618.1	11.6
	原平	50%	1	75	34	11.3	22050.0	393.8	393.8	491.1	13.2
		75%	3	225	35/59/90	11.3	21150.0	465.0	465.0	548.9	12.9
		95%	3	225	36/75/94	11.1	20776.5	481.2	494.4	598.6	0
长治	阳城	50%	0	0	0	11.2	22455.4	387.1	389.7	479.0	6.1
		75%	1	75	43	11.1	21749.6	398.6	407.4	492.6	63.4
		95%	3	225	34/50/104	11.1	20861.5	435.5	443.3	530.6	0
	长治	50%	0	0	0	11.2	22434.8	397.1	397.1	475.8	130.4
		75%	1	75	58	11.2	21936.2	402.0	402.2	477.6	64.2
		95%	3	225	30/71/93	10.4	19490.8	428.0	452.6	535.6	0

表 7-7 夏玉米经济灌溉制度

地区	典型县	水文年	灌水次数	灌溉定额/mm	灌水时间（以播种日算起的天数表示）	产量/(t/hm²)	效益/(元/hm²)	ET_a/mm	ET_m/mm	ET_0/mm	渗漏量/mm
		50%	0	0	0	8.9	17754.2	356.7	362.5	386.3	0
	临汾	75%	2	150	26/61	8.9	16823.2	372.9	382.2	407.4	0
		95%	3	225	20/36/65	9.0	16550.8	432.5	435.6	459.3	0
		50%	0	0	0	9.0	17966.8	326.6	328.3	354.9	0
临汾	隰县	75%	2	150	29/56	9.0	17100.0	355.8	355.8	368.8	0
		95%	3	225	20/60/78	9.0	16561.8	424.4	428.2	451.0	0
		50%	1	75	44	8.8	17246.0	373.9	383.2	404.8	0
	侯马	75%	1	75	30	8.5	16490.1	357.6	357.6	369.4	7.7
		95%	4	300	35/50/57/80	9.0	16110.9	426.8	440.3	467.3	0
		50%	1	75	58	8.2	16009.9	427.8	469.1	510.8	0
运城	运城	75%	2	150	50/98	8.8	16658.3	444.4	457.3	475.9	0
		95%	3	225	29/43/59	8.9	16424.9	453.6	461.1	488.2	0

第三节　限额供水灌溉制度

有限灌溉是非充分灌溉中的重要概念。有限灌溉是指灌溉供水时间受限，或者供水量受限制，或者供水时间和供水量都受限制条件下的灌溉。有限灌溉研究目的是灌溉工程规模已确定的情况下，确定合理的灌水定额和优化的灌溉制度，包括灌区可供水范围内时间和空间上的配水优化和玉米合理种植结构的配置，主要用于灌溉用水的实时调度管理。

在实际当中，会遇到供水不足的时候即限额供水，在这种情况下，需要根据限额供水的灌溉制度进行灌溉，因此有必要分析制定限额供水的灌溉制度。研究限额供水的灌溉制度的目的，在于通过优化技术，确定合理的灌溉制度组合，达到有限水资源投入的总产量最高，或总产值最大。为此，必须掌握和了解不同灌溉制度对玉米生长和产量的影响。在玉米缺水条件下，根据玉米各阶段的水分状况对产量影响的相互联系，寻找最优的配水策略，把有限的灌溉水量灌到最适宜的阶段获得最大经济效益。

计算公式为

$$\max Y = Y_m \pi \left(\frac{ET_i}{ET_{mi}} \right)^{\lambda_i} \tag{7-6}$$

约束条件为

$$\sum_{i=1}^{n} M_i = W$$

式中：M_i 为玉米第 i 次灌水的灌水定额，mm；n 为玉米生育期的灌水次数；W 为玉米生育期内的可供灌水量，mm。

表 7-8 是大同、太原、离石、临汾、长治、运城、晋中地区的春玉米、夏玉米在不同水文年的限额供水灌溉制度，为当地玉米的限额灌溉提供了依据。由表 7-8 可以看出，对于同一地区、同一水文年玉米的实际耗水量随灌溉定额的增加而增加；玉米产量随灌溉定额的增加而增加，如大同 50％水文年灌 1～3 次水的产量分别为 6.7t/hm²、9.1t/hm²、10.5t/hm²、11.2t/hm²，因此在水量充沛时，为了获得尽可能多的粮食产量，还是应该多灌水。在同一地区不同典型年下灌溉定额相同时 50％水文年的产量最大，其次是 75％水文年，95％水文年产量最低。一般情况下达到最大产量时 50％水文年所需灌水次数最少，其次是 75％水文年，95％水文年灌水次数最大。但是也会出现 75％水文年达到最大产量时所需灌水次数比 50％水文年少的情况，这主要与降雨在生育期内的分布有关，75％水文年的降雨在生育预期内的分布利于玉米生长，渗漏量小，而 50％水文年的降雨在生育预期内的分布不利于玉米生长，渗漏量大。

但是，若水资源不足，必须考虑高效用水，即从单方灌溉水的增产量分析确定合理的灌溉配水方案。效益是随灌水量的增加先增加然后减小，见表 7-4，原平 95％水文年灌 0～4 次水的效益分别是 14322.5 元/hm²、17819.5 元/hm²、19960.1 元/hm²、20776.5 元/hm²、20700.0 元/hm²。

在同一地区，同一典型年下灌溉定额越大渗漏量越大。

表 7-8　　　　　　　　　　春玉米限额供水灌溉制度

地区	典型县	水文年	灌水次数	灌溉定额/mm	灌水时间（以播种日算起的天数表示）	产量/(t/hm²)	效益/(元/hm²)	ET_a/mm	ET_m/mm	ET_0/mm	渗漏量/mm
大同	大同	50％	0	0		6.7	13377.9	356.8			0
			1	75	67	9.1	17681.2	423.7	521.5	592.1	0
			2	150	58/83	10.5	19792.9	484.0			0
			3	225	52/75/106	11.2	20540.4	518.1			0
		75％	0	0	0	5.8	11026.6	320.5			0
			1	75	67	8.3	16071.5	386.0	513.9	609.6	0
			2	150	65/87	9.8	18483.8	443.0			0
			3	225	18/72/90	11.0	20238.5	501.4			0
		95％	0	0	0	3.9	7218.7	268.9			0
			1	75	67	6.5	12347.4	335.9			0
			2	150	67/73	8.6	16049.0	399.5	558.2	645.9	0
			3	225	64/68/91	9.8	17849.3	455.9			0
			4	300	50/65/79/104	10.5	18517.1	508.3			0

续表

地区	典型县	水文年	灌水次数	灌溉定额/mm	灌水时间（以播种日算起的天数表示）	产量/(t/hm²)	效益/(元/hm²)	ET_a/mm	ET_m/mm	ET_0/mm	渗漏量/mm
晋中	太原	50%	0	0	0	10.2	20462.1	370.1	398.0	488.5	0
			1	75	34	11.2	22032.6	397.2			0
		75%	0	0	0	8.8	17659.3	334.5	417.5	496.7	0
			1	75	51	10.7	21003.9	389.7			0
			2	150	45/77	11.2	21555.4	415.5			0
		95%	0	0	0	7.5	15058.2	333.2	495.4	592.2	0
			1	75	51	9.6	18832.7	394.9			0
			2	150	51/54	10.6	20368.6	443.2			0
			3	225	40/53/96	11.1	20805.8	480.1			0
	介休	50%	0	0	0	7.7	15457.1	286.9	382.5	462.6	7.8
			1	75	51	10.0	19626.3	337.7			32.0
			2	150	42/60	11.1	21203.8	374.4			70.3
		75%	0	0	0	10.3	20672.7	370.4	416.4	492.8	0
			1	75	53	11.0	21617.1	402.6			12.8
		95%	0	0	0	7.8	15636.3	342.4	467.0	562.3	0
			1	75	51	10.0	19548.4	403.9			0
			2	150	42/61	11.0	21171.7	451.1			0
	阳泉	50%	0	0	0	7.5	14942.2	337.9	446.7	547.5	1.8
			1	75	51	9.7	18967.9	394.4			20.3
		75%	0	0	0	10.7	21444.8	395.6	429.2	510.3	15.2
			1	75	86	11.2	22026.4	428.3			15.2
		95%	0	0	0	10.1	20150.5	355.1	412.2	475.1	0
			1	75	64	11.0	21496.4	395.1			0
			2	150	66/95	11.3	21600.0	412.2			0
	榆社	50%	0	0	0	11.0	21983.7	364.9	373.7	440.5	15.5
			1	75	77	11.3	22050.0	373.7			28.9
		75%	0	0	0	10.3	20640.0	372.8	412.5	499.4	0
			1	75	70	11.1	21718.6	405.9			0
		95%	0	0	0	8.8	17526.9	327.1	422.4	504.0	0
			1	75	51	10.5	20511.5	381.2			0
			2	150	41/74	11.2	21446.3	417.1			0

续表

地区	典型县	水文年	灌水次数	灌溉定额/mm	灌水时间（以播种日算起的天数表示）	产量/(t/hm²)	效益/(元/hm²)	ET_a/mm	ET_m/mm	ET_0/mm	渗漏量/mm
离石	离石	50%	0	0	0	9.4	18866.3	386.9	450.8	564.5	0
			1	75	33	11.1	21765.3	442.7			0
		75%	0	0	67	10.5	21069.4	405.8	449.4	546.7	0
			1	75	98	11.2	21898.1	446.1			0
		95%	0	0	0	6.8	13516.6	358.8			0
			1	75	52	8.6	16805.4	429.7			0
			2	150	52/78	9.9	18961.7	494.1	574.3	673.7	3.6
			3	225	43/72/85	10.6	19302.1	548.3			17.4
			4	300	40/60/83/98	11.1	19716.2	572.7			44.5
	兴县	50%	0	0	0	9.8	19565.9	370.8	429.7	517.5	0
			1	75	45	11.1	21762.4	420.8			0
		75%	0	0	0	10.1	20187.5	386.8	449.4	546.7	0
			1	75	71	11.0	21525.5	430.9			
			2	150	37/88	11.2	21594.9	449.2			0.2
		95%	0	0	0	5.7	10871.0	315.4			0
			1	75	52	7.6	14746.7	381.0			0
			2	150	50/54	9.1	17393.4	444.1	574.3	673.7	0
			3	225	52/52/66	10.2	19143.6	499.5			1.8
			4	300	59/62/70/90	11.0	20115.2	534.5			0
忻州	河曲	50%	0	0	0	7.2	14369.3	326.7	444.1	522.4	0
			1	75	58	9.7	18866.1	388.1			0
		75%	0	0	0	8.0	16039.7	342.8	479.5	569.4	0
			1	75	58	10.2	19939.8	405.5			0
			2	150	56/73	10.9	20885.5	448.4			0
		95%	0	0	0	7.1	14158.5	273.9			0
			1	75	58	9.5	18619.3	334.4			0
			2	150	58/74	10.8	20791.3	380.6	410.4	513.5	0
			3	225	30/71/93	11.2	21133.8	410.1			0

地区	典型县	水文年	灌水次数	灌溉定额 /mm	灌水时间（以播种日算起的天数表示）	产量 /(t/hm²)	效益 /(元/hm²)	ET_a /mm	ET_m /mm	ET_0 /mm	渗漏量 /mm
忻州	五寨	50%	0	0	0	9.5	18983.6	357.3	401.7	497.2	0
			1	75	27	11.2	21878.3	401.6			0
		75%	0	0	0	9.8	19502.8	373.4	431.9	522.4	0
			1	75	58	10.8	21173.6	410.4			24.6
		95%	0	0	0	5.2	10483.1	284.6	502.6	618.1	0
			1	75	58	7.7	14916.5	350.1			0
			2	150	56/56	9.6	18314.3	412.7			0
			3	225	52/56/73	10.8	20162.5	466.7			0
			4	300	56/62/73/94	11.2	20643.7	478.9			11.6
	原平	50%	0	0	0	10.7	21478.0	380.0	393.8	491.1	0
			1	75	34	11.3	22050.0	393.8			13.2
		75%	0	0	0	7.1	14228.1	325.2	465.0	548.9	0
			1	75	58	9.6	18756.6	389.4			0
			2	150	49/59	10.9	20814.0	443.9			0
			3	225	35/59/90	11.3	21150.0	465.0			12.9
		95%	0	0	0	7.2	14322.5	322.3	494.4	598.6	0
			1	75	61	9.1	17819.5	384.6			0
			2	150	61/79	10.4	19960.1	438.1			0
			3	225	36/75/94	11.1	20776.5	481.2			0
长治	阳城	50%	0	0	0	11.2	22455.4	387.1	389.7	479.0	6.1
		75%	0	0	0	10.8	21568.2	390.1	407.4	492.6	0
			1	75	43	11.1	21749.6	398.6			63.4
		95%	0	0	0	7.0	13917.1	301.7	443.3	530.6	0
			1	75	54	9.5	18554.5	364.1			0
			2	150	43/54	10.9	20819.3	418.1			0
			3	225	34/50/104	11.1	20861.5	435.5			0
	长治	50%	0	0	0	11.2	22434.8	395.8	397.1	475.8	0
		75%	0	0	0	11.0	22035.0	389.6	402.2	477.6	0
			1	75	58	11.2	21936.2	398.7			57.0
		95%	0	0	0	6.0	11916.6	272.6	452.6	535.6	0
			1	75	58	8.5	16475.0	335.6			0
			2	150	58/74	9.8	18710.3	390.4			0
			3	225	30/71/93	10.4	19490.8	428.0			0

地区	典型县	水文年	灌水次数	灌溉定额/mm	灌水时间（以播种日算起的天数表示）	产量/(t/hm²)	效益/(元/hm²)	ET_a/mm	ET_m/mm	ET_0/mm	渗漏量/mm
临汾	临汾	50%	0	0	0	8.9	17754.2	356.7	362.5	386.3	0
		75%	0	0	0	6.6	13261.0	295.4	382.2	407.4	0
			1	75	31	8.2	15942.0	346.3			0
			2	150	26/61	8.9	16823.2	372.9			0
		95%	0	0	0	5.4	10862.2	289.7	435.6	459.3	0
			1	75	31	7.0	13553.5	350.9			0
			2	150	31/50	8.3	15654.9	398.2			0
			3	225	20/36/65	9.0	16550.8	432.5			0
	隰县	50%	0	0	0	9.0	17966.8	326.6	328.3	354.9	0
		75%	0	0	0	6.8	13502.5	283.8	355.8	368.8	0
			1	75	30	8.4	16263.9	333.8			0
			2	150	29/56	9.0	17100.0	355.8			0
		95%	0	0	0	6.2	12476.8	304.4	428.2	451.0	0
			1	75	31	7.7	14978.3	360.0			0
			2	150	29/62	8.6	16319.9	401.3			0
			3	225	20/60/78	9.0	16561.8	424.4			0
	侯马	50%	0	0	0	7.6	15282.2	335.5	383.2	404.8	0
			1	75	44	8.8	17246.0	373.9			0
		75%	0	0	0	6.6	13226.5	305.7	357.6	369.4	0
			1	75	30	8.5	16490.1	338.5			0
		95%	0	0	0	4.3	8671.4	254.0			0
			1	75	31	6.0	11526.1	318.2			0
			2	150	31/41	7.6	14208.2	375.4	440.3	467.3	0
			3	225	24/38/54	8.7	16061.3	423.0			0
			4	300	35/50/57/80	9.0	16110.9	426.8			0
运城	运城	50%	0	0	0	7.6	15163.7	398.7	469.1	510.8	0
			1	75	58	8.2	16009.9	427.8			0
		75%	0	0	0	7.5	15069.6	379.6	457.3	475.9	0
			1	75	58	8.4	16381.3	426.0			0
			2	150	50/98	8.8	16658.3	444.4			0
		95%	0	0	0	4.8	9524.3	287.5	461.1	488.2	0
			1	75	41	6.4	12267.2	349.9			0
			2	150	29/41	7.9	14815.1	409.0			0
			3	225	29/43/59	8.9	16424.9	453.6			0

第八章　玉米水分生产率

第一节　水分生产率的概念和影响因素

中国农业用水占全国总用水量的近 70%，其中的 90% 消耗于农田灌溉。全国有灌溉条件的耕地面积约占总面积的 48%，生产了 75% 的粮食，灌溉农业对粮食生产的支撑作用无可取代。随着社会经济的发展、工业和生活用水需求的增加以及气候、环境等问题的日趋严重，部门之间对水资源的竞争愈加激烈，灌溉用水将受到影响，农业面临着用有限的水资源生产更多粮食的问题（Kijne J W，2003；吴普特，2010），这就要求控制农业用水总量与继续提高农业水资源利用率和利用效率并举。

一、水分生产率的概念及分类

水分生产率从产出的角度反映了单位水量生产的物质产量或经济产值，它是衡量农业生产水平和农业用水科学性与合理性的综合指标，也是节水灌溉与高效农业发展的重要指标之一。通过改善单位用水量的产出来提高水分生产率，对减轻水资源竞争压力、确保食物安全、预防环境退化等具有举足轻重的作用（许迪，2008）。然而，因为历史认识水平、研究目的、关注内容及灌溉用水尺度的不同，都会导致水分生产率的定义有所不同。在人们已提出不同的水分生产率定义中，主要分为产量水分生产率和产值水分生产率，前者定义为作物产量与蒸腾量、蒸发蒸腾量、灌水量、输水量等的比值（kg/m^3），而后者则为经济产值与蒸发蒸腾量、灌水量、输水量、可利用水量的比值（元/m^3）。

基于上述分类方法，作物产量水分生产率由于分析问题角度和消耗总水量计算方法的不同，也衍生出多种定义：灌溉水分生产率 WUE_i、农田总供水水分生产率 WUE_a、田间水水分生产率 WUE_f 和降雨水分生产率 WUE_p。其中 WUE_f 反映的是作物实际吸收水分形成产量的转化效率；WUE_p 用于评价降雨利用率，而提高降雨利用率是提高我国农业用水效率的关键之一；WUE_i 和 WUE_a 侧重于评价农田投入水分的效率，更关注水分投入和作物的最终产量，忽略中间复杂的水分运移转化过程，揭示了农田水分投入的意义。WUE_a 既反映田间用水的有效程度，又能反映整个灌溉系统的用水管理水平，可用于评价区域尺度下的水分生产率（沈荣开，2001；杨迎，2011）。

近年，随着广义水资源（王浩，2002；李保国，2010）、虚拟水贸易（粟晓玲，2009）、农业水足迹等水资源利用和管理领域新概念的出现，为水资源利用评价提供了全面而崭新的思路。农业用水量化及效率评价不仅仅停留在田间、作物视角，而应该考虑整个农业生产过程（Mekonnen M M，2010）；在计量灌溉水的基础上，越来越多的人重视包括蓝水和绿水（Falkenmark M，2006）在内的广义水资源利用。蓝水是降水形成径流后进入河道、湖泊或地下含水层形成的地表水和地下水，即传统的水资源；绿水是降水中下渗到非饱和土壤层中用于植物生长、以蒸散发形式垂向进入大气的不可见水。因此有学者提出了基于广义水资源投入的水分生产率（操信春，2012）。

二、水分生产率的影响因素

对于玉米水分生产率的影响因素很多，主要有：农资产业的投入、降雨量、灌水量、光照、温度、土壤肥力、劳动力投入等。

1. 农资及劳动力投入

胡广录对临泽县的玉米的水分生产率进行了研究，指出在各影响因素中影响较大的5位是：生产用种子、化肥施用量、劳动力投入、地膜使用量、农药施用量。这说明了种子行业和农资产业的发展有助于提高玉米的水分生产率，这与农村的经济发展水平和农业产业政策息息相关，为了提高水分生产率应该不断培育与当地条件相适应的玉米良种，加大农资投入。劳动力投入量大，人们可以有更多的时间用在玉米生产上，精耕细作，及时合理灌溉，喷洒农业，这对于提高水分生产率起到了很大的作用（胡广录，2012）。

2. 气候

杨迎对海河流域冬小麦水分生产率特征进行了分析，得出作物品种同时受地区的气候条件和水分状况的影响，降雨量丰富，光热条件较好的地区产量较高，而相对干旱气候较差的地区的水分生产率低（杨迎，2011）。

3. 供水量

一般来说，资源投入于农业生产都存在着报酬递减现象，水分生产率包含产量与水量，与水量的关系则更复杂。从纯理论的角度分析，水分生产率随供水量的增大先增大后减小，但水分生产率和产量一般不会同时达到最大值。因此对干旱半干旱地区，在追求高产的同时要追求高水分生产率，究竟灌溉多少时最优是一个需要进一步深入探讨的问题。在一定的供水范围之内玉米的水分生产率随农田总供水量的增大而减小。研究表明一定的水分胁迫下，玉米可以获得较高的水分生产率。在水资源不足的情况下，可适当降低农田灌溉水量，适时适期灌溉，保证关键水。同时采取其他措施如提高输水效率，提高降雨的有效利用率，改善耕作条件等，使得作物在供水量较小时获得高产高水分生产率，并使得区域水资源能得到更合理的分配，实现更大的经济和社会效益。

4. 灌溉方式

在降雨、灌溉水量和前期土壤特性一定的情况下，对不同灌溉方式下的玉米水分生产率进行了研究，渗灌、滴灌和喷灌的水分生产率分别为 2.52kg/m³、2.64kg/m³、2.68kg/m³（李晓玲，2006）。这主要是因为渗灌条件下土壤具有良好通气性能，可以使玉米根层土壤经常保持最佳的水分、通气和养分状态，为玉米生长发育创造了良好环境。另外，渗灌条件下因土壤表面与植物叶面湿度减至最少，病虫、菌类等的发生也减少（巴特尔·巴克，2005）。

5. 耕作措施

李艳等（李艳，2012）通过在北京市通州区开展 2a 试验，分析比较 3 种耕作措施（翻耕、覆盖免耕、燃茬免耕）对青贮夏玉米的水分生产率进行了研究，结果表明覆盖免耕青贮夏玉米水分生产率分别较翻耕和燃茬免耕提高了 11.7% 和 14.8%。覆盖免耕能减少土面蒸发提高水分生产率。

第二节　分区玉米水分生产率

一、基于试验站实测数据的玉米水分生产率

灌溉水分生产率指单位耗水量所能生产的农产品的数量。灌溉水分生产率能综合反映灌区的农业生产水平、灌溉工程状况和灌溉管理水平。本研究采用试验站测出的数据分区分典型年计算了玉米的灌溉水分生产率，见表 8-1 和表 8-2。

由表 8-1 和表 8-2 可以看出，春玉米的水分生产率平均值为 1.86kg/m³，夏玉米的为 1.29kg/m³。春玉米的水分生产率高于夏玉米，原因为夏玉米主要种植在临汾和运城地区，为复播玉米，生长期短，产量普遍低于春玉米，位于山西省的南部，气温和降雨量均较北方高，生育期一般为 6 月 10 日到 9 月 30 日，而这一阶段为一年内气温和降雨最高的时段，玉米的潜在蒸腾量大，无效蒸腾量较多；另外，春玉米主要播种在山西省的北部地区，生育期为 5 月 1 日到 9 月 17 日，生育期较长，生育期内的气温和降雨均较南部的运城和临汾要低，无效蒸腾较少。

二、不同水文年的玉米水分生产率

利用气象资料计算了玉米在不同水文年的水分生产率，见表 8-3 和表 8-4。由表 8-3 和表 8-4 可以看出，对于同一水文年玉米的水分生产率随着灌溉定额的增加先增加后减小，如大同 95% 水文年灌水次数分别为 0、1、2、3、4 次时相应的水分生产率分别为 1.45kg/m³、1.93kg/m³、2.16kg/m³、2.16kg/m³、2.06kg/m³。在灌溉定额相同的情况下，基本上是 5% 水文年的玉米水分生产率最大，95% 水文年的最小，如大同，在不灌水的情况下，5% 水文年的生产率为 2.34kg/m³，25% 水文年为 2.32kg/m³，50% 水文年为 1.87kg/m³，75% 水文年

为 1.81kg/m³，95％水文年为 1.45kg/m³。

在充分灌溉的情况下产量最大，但是水分生产率不是最大。水分生产率最大时对应的产量小于充分灌溉时的产量。

表 8-1　　山西省不同地区典型年不同灌水处理的春玉米水分生产率

地区	试验站	试验年	灌水次数	灌溉定额/mm	耗水量/mm	降水量/mm	产量/(kg/hm²)	水分生产率/(kg/m³)
大同	御河	2006	1	164.0	536.80	183.6	9136.5	1.70
			2	306.2	634.60	183.6	10513.5	1.66
			3	361.3	875.20	183.6	12456.0	1.42
忻州	滹沱河	2007	0	0	322.50	235.1	6538.5	2.03
			1	315.0	538.40	235.1	9162.0	1.70
			3	405.0	624.80	235.1	10633.5	1.70
		2008	0	0	453.50		5520.0	1.22
			2	225.0	554.70		9285.0	1.67
			3	405.0	445.70		10140.0	2.27
离石	湫水河	2006	1	138.0	547.70	212.7	5430.0	0.99
			2	152.0	573.30	212.7	5325.0	0.93
			2	210.0	611.10	212.7	7230.0	1.18
离石	湫水河	2008	0	0	385.45	326.2	4860.0	1.26
			2	150.0	494.57	326.2	7320.0	1.48
			3	288.0	600.81	326.2	10200.0	1.70
晋中	潇河	2006	0	0	267.00	235.4	9423.0	3.71
			1	90.0	325.80	235.4	10860.0	3.33
			2	180.0	407.60	235.4	11016.0	2.70
长治	漳北	2006	0	0	331.70	366.6	5916.0	1.78
			2	120.0	449.60	366.6	8826.0	1.96
			2	240.0	595.80	366.6	9475.5	1.59
		2008	1	94.8	453.80	319.8	10290.0	2.27
			2	219.0	530.60	319.8	12130.5	2.29
			3	291.9	620.00	319.8	13345.5	2.15

表 8−2 山西省不同地区典型年不同灌水处理的夏玉米水分生产率

地区	试验站	试验年	灌水次数	灌溉定额/mm	耗水量/mm	降水量/mm	产量/(kg/hm²)	水分生产率/(kg/m³)
临汾	霍泉	2008	0	0	228.2	172.7	5073.0	2.22
			2	180	390.6	172.7	6840.0	1.75
			2	210	430.8	172.7	8604.0	2.00
	汾西	2008	0	0	322.7	171.2	1387.5	0.43
			2	180	425.6	171.2	3540.0	0.83
			3	270	450.3	171.2	3727.5	0.83
	利民	2009	0	0	261.8	202.5	1545.0	0.59
			2	180	417.8	202.5	6615.0	1.58
			3	270	418.2	202.5	8475.0	2.03
	中心站	2005	1	45	304.5	267.2	9754.5	3.20
			2	237	488.1	267.2	7920.0	1.62
			3	459	697.7	267.2	14049.0	2.01
运城	红旗	2007	0	0	400.8	427.7	6948.0	1.73
			1	90	448.5	427.7	7312.5	1.63
			1	120	482.9	427.7	7389.0	1.53
	鼓水	2008	0	0	363.6	224.4	1335.0	0.37
			1	60	418.8	224.4	7635.0	1.82
			2	120	428.4	224.4	10995.0	2.57
	夹马口	2004	0	0	236.0	231.8	1462.5	0.62
			1	75	389.1	231.8	3600.0	0.93
			1	135	442.8	231.8	3924.0	0.89
		2005	0	0	234.0	251.1	570.0	0.24
			2	210	420.3	251.1	4446.0	1.06
			2	330	476.7	251.1	4710.0	0.99
		2008	0	0	326.3	196.8	571.5	0.18
			3	180	482.4	196.8	1828.5	0.38
			3	270	563.3	196.8	4189.5	0.74

表 8 - 3　山西省不同地区典型水文年不同灌溉定额的春玉米水分生产率

地区	典型县	水文年	灌水次数	灌溉定额/mm	耗水量/mm	产量/(t/hm²)	水分生产率/(kg/m³)
大同	大同	5%	0	0	396.7	9.3	2.34
		25%	0	0	394.7	9.1	2.32
			1	75	440.4	10.9	2.48
		50%	0	0	356.8	6.7	1.87
			1	75	423.7	9.1	2.16
			2	150	484.0	10.5	2.17
			3	225	518.1	11.2	2.16
		75%	0	0	320.5	5.8	1.81
			1	75	386.0	8.3	2.16
			2	150	443.0	9.8	2.22
			3	225	501.4	11.0	2.20
		95%	0	0	268.9	3.9	1.45
			1	75	335.9	6.5	1.93
			2	150	399.5	8.6	2.16
			3	225	455.9	9.8	2.16
			4	300	508.3	10.5	2.06
晋中	太原	5%	0	0	362.3	11.3	3.11
		25%	0	0	342.0	8.4	2.46
			1	75	394.4	10.6	2.68
			2	150	419.1	11.3	2.68
		50%	0	0	370.1	10.2	2.76
			1	75	397.2	11.2	2.83
		75%	0	0	334.5	8.8	2.64
			1	75	389.7	10.7	2.75
			2	150	415.5	11.2	2.70
		95%	0	0	333.2	7.5	2.26
			1	75	394.9	9.6	2.44
			2	150	443.2	10.6	2.40
			3	225	480.1	11.1	2.31
			4	300	495.3	11.2	2.27

续表

地区	典型县	水文年	灌水次数	灌溉定额/mm	耗水量/mm	产量/(t/hm²)	水分生产率/(kg/m³)
晋中	介休	5%	0	0	370.7	11.3	3.03
		25%	0	0	370.7	11.2	3.01
		50%	0	0	286.9	7.7	2.69
			1	75	337.7	10.0	2.97
			2	150	374.4	11.1	2.95
		75%	0	0	370.4	10.3	2.79
			1	75	402.6	11.0	2.74
			2	150	416.4	11.3	2.70
		95%	0	0	342.4	7.8	2.28
			1	75	403.9	10.0	2.48
			2	150	451.1	11.0	2.45
			3	225	466.7	11.2	2.41
	阳泉	5%	0	0	367.1	11.2	3.06
		25%	0	0	347.1	8.6	2.47
			1	75	379.4	10.5	2.76
		50%	0	0	337.9	7.5	2.21
			1	75	394.4	9.7	2.46
		75%	0	0	395.6	10.7	2.71
			1	75	428.3	11.2	2.62
		95%	0	0	355.1	10.1	2.84
			1	75	395.1	11.0	2.78
			2	150	412.2	11.3	2.73
	榆社	5%	0	0	394.2	11.2	2.85
		25%	0	0	359.2	11.1	3.08
		50%	0	0	364.9	11.0	3.01
			1	75	373.7	11.3	3.01
		75%	0	0	372.8	10.3	2.77
			1	75	405.9	11.1	2.73
			2	150	412.5	11.3	2.73
		95%	0	0	327.1	8.8	2.68
			1	75	381.2	10.5	2.75
			2	150	417.1	11.2	2.68
			3	225	422.4	11.3	2.66

地区	典型县	水文年	灌水次数	灌溉定额/mm	耗水量/mm	产量/(t/hm²)	水分生产率/(kg/m³)
忻州	河曲	5%	0	0	333.7	7.4	2.21
			1	75	392.7	9.8	2.50
			2	150	437.9	11.2	2.56
		25%	0	0	401.4	7.7	1.93
			1	75	462.9	10.0	2.15
		50%	0	0	326.7	7.2	2.20
			1	75	388.1	9.7	2.49
		75%	0	0	342.8	8.0	2.34
			1	75	405.5	10.2	2.51
			2	150	448.4	10.9	2.43
		95%	0	0	273.9	7.1	2.58
			1	75	334.4	9.5	2.85
			2	150	380.6	10.8	2.85
			3	225	410.1	11.2	2.74
			4	300	410.4	11.3	2.74
	五寨	5%	0	0	364.2	9.5	2.62
		25%	0	0	382.0	10.2	2.66
			1	75	408.9	11.3	2.75
		50%	0	0	357.3	9.5	2.66
			1	75	401.6	11.2	2.78
			2	150	401.7	11.3	2.80
		75%	0	0	373.4	9.8	2.61
			1	75	410.4	10.8	2.63
			2	150	431.9	11.3	2.61
		95%	0	0	284.6	5.2	1.84
			1	75	350.1	7.7	2.19
			2	150	412.7	9.6	2.33
			3	225	466.7	10.8	2.30
			4	300	478.9	11.2	2.34

续表

地区	典型县	水文年	灌水次数	灌溉定额/mm	耗水量/mm	产量/(t/hm²)	水分生产率/(kg/m³)
忻州	原平	5%	0	0	371.6	9.8	2.63
			1	75	398.7	11.2	2.80
		25%	0	0	438.1	11.0	2.51
		50%	0	0	380.0	10.7	2.83
			1	75	393.8	11.3	2.86
		75%	0	0	325.2	7.1	2.19
			1	75	389.4	9.6	2.47
			2	150	443.9	10.9	2.45
			3	225	465.0	11.3	2.42
		95%	0	0	322.3	7.2	2.22
			1	75	384.6	9.1	2.38
			2	150	438.1	10.4	2.38
			3	225	481.2	11.1	2.30
			4	300	494.4	11.3	2.28
长治	阳城	5%	0	0	364.3	11.2	3.08
		25%	0	0	396.4	10.5	2.64
			1	75	428.2	11.2	2.62
		50%	0	0	387.1	11.2	2.90
			1	75	389.3	11.2	2.89
		75%	0	0	390.1	10.8	2.76
			1	75	398.6	11.1	2.78
			2	150	407.2	11.2	2.76
		95%	0	0	301.7	7.0	2.31
			1	75	364.1	9.5	2.61
			2	150	418.1	10.9	2.60
			3	225	435.5	11.1	2.55
			4	300	443.1	11.2	2.54
	长治	5%	0	0	347.6	11.3	3.24
		25%	0	0	425.3	11.2	2.63
		50%	0	0	395.8	11.2	2.83
			1	75	397.1	11.3	2.83
		75%	0	0	389.6	11.0	2.83
			1	75	398.7	11.2	2.81
			2	150	402.0	11.2	2.80
		95%	0	0	272.6	6.0	2.19
			1	75	335.6	8.5	2.52
			2	150	390.4	9.8	2.51
			3	225	428.0	10.4	2.43
			4	300	441.8	10.7	2.42

续表

地区	典型县	水文年	灌水次数	灌溉定额/mm	耗水量/mm	产量/(t/hm²)	水分生产率/(kg/m³)
离石	离石	5%	0	0	396.2	10.6	2.68
			1	75	405.4	11.2	2.77
		25%	0	0	386.9	9.4	2.44
			1	75	442.7	11.1	2.51
		50%	0	0	386.9	9.4	2.44
			1	75	442.7	11.1	2.51
			2	150	447.8	11.2	2.50
		75%	0	0	405.8	10.5	2.60
			1	75	446.1	11.2	2.50
		95%	0	0	358.8	6.8	1.88
			1	75	429.7	8.6	2.01
			2	150	494.1	9.9	2.01
			3	225	548.3	10.6	1.92
			4	300	572.7	11.1	1.93
	兴县	5%	0	0	415.4	11.3	2.71
		25%	0	0	435.6	10.7	2.46
			1	75	450.8	11.3	2.50
		50%	0	0	370.8	9.8	2.64
			1	75	420.8	11.1	2.64
		75%	0	0	386.8	10.1	2.61
			1	75	430.9	11.0	2.55
			2	150	449.2	11.2	2.50
		95%	0	0	315.4	5.7	1.79
			1	75	381.0	7.6	1.99
			2	150	444.1	9.1	2.06
			3	225	499.5	10.2	2.05
			4	300	534.5	11.0	2.05

表 8-4　山西省不同地区典型水文年不同灌溉定额的夏玉米水分生产率

地区	典型县	水文年	灌水次数	灌溉定额/mm	耗水量/mm	产量/(t/hm²)	水分生产率/(kg/m³)
临汾	临汾	5%	0	0	370.9	9.0	2.42
		25%	0	0	321.9	9.0	2.79
		50%	0	0	356.7	8.9	2.49
			1	75	361.7	9.0	2.49
		75%	0	0	295.4	6.6	2.24
			1	75	346.3	8.2	2.37
			2	150	372.9	8.9	2.38
			3	225	379.6	9.0	2.37
		95%	0	0	289.7	5.4	1.87
			1	75	350.9	7.0	2.00
			2	150	398.2	8.3	2.08
			3	225	432.5	9.0	2.07
			4	300	435.4	9.0	2.07
	隰县	5%	0	0	326.5	9.0	2.76
		25%	0	0	353.2	8.9	2.53
		50%	0	0	326.6	9.0	2.75
		75%	0	0	283.8	6.8	2.38
			1	75	333.8	8.4	2.50
			2	150	355.8	9.0	2.53
		95%	0	0	304.4	6.2	2.05
			1	75	360.0	7.7	2.14
			2	150	401.3	8.6	2.15
			3	225	424.4	9.0	2.11
	侯马	5%	0	0	317.0	8.9	2.82
		25%	0	0	346.3	8.7	2.52
			1	75	359.5	9.0	2.49
		50%	0	0	335.5	7.6	2.28
			1	75	373.9	8.8	2.37
			2	150	377.3	8.9	2.37
		75%	0	0	305.7	6.6	2.16
			1	75	338.5	8.5	2.50
		95%	0	0	254.0	4.3	1.71
			1	75	318.2	6.0	1.88
			2	150	375.4	7.6	2.01
			3	225	423.0	8.7	2.06
			4	300	426.8	9.0	2.10

续表

地区	典型县	水文年	灌水次数	灌溉定额/mm	耗水量/mm	产量/(t/hm²)	水分生产率/(kg/m³)
运城	运城	5%	0	0	333.2	9.0	2.70
		25%	0	0	398.2	8.7	2.70
			1	75	410.0	8.9	2.20
			2	150	416.1	9.0	2.18
		50%	0	0	398.7	7.6	2.16
			1	75	427.8	8.2	1.90
			2	150	431.2	8.3	1.92
		75%	0	0	379.6	7.5	1.93
			1	75	426.0	8.4	1.99
			2	150	444.4	8.8	1.98
			3	225	447.8	8.9	1.98
		95%	0	0	287.5	4.8	1.98
			1	75	349.9	6.4	1.66
			2	150	409.0	7.9	1.82
			3	225	453.6	8.9	1.92

参 考 文 献

[1]　温随群，杨秋红，潘乐，等. 作物需水量计算方法研究 [J]. 安徽农业科学，2009，37 (2)：442 - 443，445.

[2]　王仰仁，孙小平. 山西农业节水理论与作物高效用水模式 [M]. 北京：中国科学技术出版社，2003.

[3]　康绍忠. 农业水土工程概论 [M]. 北京：中国农业出版社，2007.

[4]　刘钰，汪林，倪广恒，等. 中国主要作物灌溉需水量空间分布特征 [J]. 农业工程学报，2009，25 (12)：6 - 12.

[5]　陈玉民，郭国双. 中国主要作物需水量与灌溉 [M]. 北京：水利电力出版社，1995.

[6]　孙爽，杨晓光，李克南，等. 中国冬小麦需水量时空特征分析 [J]. 农业工程学报，2013，29 (15)：72 - 82.

[7]　康绍忠，刘晓明，熊运章. 土壤-植物-大气连续体水分传输理论及应用 [M]. 北京：水利电力出版社，1994.

[8]　沈振荣，等. 水资源科学试验与研究——大气水、地表水、土壤水、地下水相互转换关系 [M]. 北京：中国科学技术出版社，1992.

[9]　雷志栋，杨诗秀，谢森传. 土壤水动力学 [M]. 北京：清华大学出版社，1988.

[10]　王仰仁. 考虑水分和养分胁迫的 SPAC 水热动态与作物生长模拟研究 [D]. 西北农林科技大学，2006.

[11]　何春燕，张忠，何新林，等. 作物水分生产函数及灌溉制度优化的研究进展 [J]. 水资源与水工程学报，2007，18 (3)：42 - 45.

[12]　尚松浩. 作物非充分灌溉制度的模拟-优化方法 [J]. 清华大学学报：自然科学版，2005，45 (9)：1179 - 1183.

[13]　钱林清，郑炎谋，郭慕萍. 山西气候例 [M]. 北京：气象出版社，1991.

[14]　郭慕萍，刘九林，茅彧. 山西气候资源图集 [M]. 北京：气象出版社，1997.

[15]　谢胜波，阎永康. 山西水资源可持续利用分析 [J]. 山西农业科学，2008，36 (5)：3 - 6.

[16]　穆仲平. 山西省水资源特点及可持续利用对策分析 [J]. 2006，17 (4)：92 - 94.

[17]　樊智翔，郭玉宏，王早荣，等. 山西省玉米种质基础分析与发展战略模式构建 [J]. 玉米科学，2003，11 (1)：22 - 24.

[18]　J. 德伦博斯艾. 作物需水量 [M]. 罗马：联合国粮农组织，1977.

[19]　郭元裕. 农田水利学 [M]. 北京：中国水利水电出版社，1997.

[20]　杨杰，魏邦龙. 精确灌溉中作物需水量的研究进展 [J]. 甘肃农业科技，2008 (11)：34 - 36.

[21]　彭世彰. 节水灌溉水稻需水特点 [J]. 农田水利与水电，1992 (11)：7 - 11.

[22]　程维新，胡朝炳，张兴权. 农田蒸发与作物耗水量研究 [M]. 北京：气象出版社，1994.

[23] 尚松浩，毛晓敏，雷志栋，等. 土壤水分动态模拟模型及其应用 [M]. 北京：科学出版社，2009.

[24] 康绍忠. 中国主要农作物需水量与灌溉 [M]. 北京：水利电力出版社，1995.

[25] Allen R G，Smith，L S Pcrcira，A Pcrricr. An up date for the calculation of reference evapotranspiration [J]. IC ID Bulletin，1994，43（2）：35 – 92.

[26] 中国主要农作物需水量等值线图研究协作组. 中国主要农作物需水量等值线图研究 [M]. 北京：中国农业科技出版社，1995.

[27] Doorenbos J，et al. Crop water requirements. FAO Irrigation and Drainage Paper 24. Roma，1977.

[28] 马海燕，缴锡云. 作物需水量计算研究进展 [J]. 水科学与工程技术，2006（5）：5 – 7.

[29] 刘钰，L. S. Pcrcira，J. L. Tcixcira，等. 参照腾发量的新定义及计算方法对比 [J]. 水利学报，1997（6）：27 – 29.

[30] 王玉宝，汪志农. 参考蒸发蒸腾量测定仪器的研究与开发 [J]. 灌溉排水学报，2004，23（3）：61.

[31] 李艳，刘海军，黄冠华. 不同耕作措施对土壤水分和青贮夏玉米水分生产率的影响 [J]. 农业工程学报，2008，28（14）：91 – 98.

[32] 吴永成，周顺利，王志敏，等. 华北地区夏玉米土壤硝态氮的时空氮的时空动态与残留 [J]. 生态学报，2005，25（7）：1620 – 1625.

[33] Stewart J L，Danielson R E，Hanks R J，et al. Optimizing crop production through control of water and salinity levels in the soil [R]. Logan，UT：Utah Water Research Lab，PR，1977.

[34] Blank H. Optimal irrigation decision with limited. DI. Greely：Colorado states university，1975.

[35] Jensen M E. Water consumption by agricultural palms [C] //Kozlowski T T，Water Deficit and Plant Growth. New York：Academic Press，1968.

[36] 王仰仁，雷志栋，杨诗秀. 冬小麦水分敏感指数累积函数研究 [J]. 水利学报，1997（5）.

[37] Hanks，R. J. Model for predicting plant yield as influenced by water use [J]. Agron. J. 1974（66）：660 – 665.

[38] Rao NH，Sarm PBS，et al. A Simple Dated Water Production Function for Use in Irrigation Agriculture [J]. Agricultural Water Management，1988，13（1）：25 – 32.

[39] J. Doorenbos，等. 产量与水的关系. 联合国粮食及农业组织农组织，罗马，1979.

[40] Morgan T. H，et al. A dynamic model of corn yield response to water [J]. Water Resource Research，1980（6）：59 – 64.

[41] Kijne J W，Barker R，Molden D. Water productivity in agriculture：limits and opportunities for improvement [C]. Cambridge MA USA，2003.

[42] 吴普特，赵西宁. 气候变化对中国农业用水和粮食生产的影响 [J]. 农业工程学报，2010，26（2）：1 – 6.

[43] 许迪，刘钰，李益农，等. 现代灌溉水管理发展理念及改善策略研究综述 [J]. 水利学报，2008，39（10）：1204 – 1212.

［44］ 沈荣开，杨路华，王康. 关于以水分生产率作为节水灌溉指标的认识［J］. 中国农村水利水电，2001（5）：9-11.

［45］ 杨迎，伍靖伟，杨金忠. 海河流域冬小麦水分生产率特征分析［J］. 灌溉排水学报，2011，30（3）：6-11.

［46］ 王浩，王建华，秦大庸，等. 现代水资源评价及水资源学学科体系研究［J］. 地球科学进展，2002，17（1）：12-17.

［47］ 李保国，黄峰. 1998—2007年中国农业用水分析［J］. 水科学进展，2010，21（4）：575-583.

［48］ 粟晓玲，康绍忠. 石羊河流域多目标水资源配置模型及其应用［J］. 农业工程学报，2009，25（11）：128-132.

［49］ Mekonnen M M，Hoekstra A Y. A global and high-resolution assessment of the green，blue and grey water footprint of wheat［J］. Hydrology and earth system sciences，2010，14（7）：1259-1276.

［50］ Falkenmark M，Rockstrom J. The new blue and green water paradigm：Breaking new ground for water resources planning and management［J］. Journal of Water Resources Planning and Management，2006，132（3）：129-132.

［51］ 操信春，吴普特，王玉宝，等. 中国灌区水分生产率及其时空差异分析［J］. 农业工程学报，2012，28（13）：1-7.

［52］ 胡广录，张济世，樊立娟. 干旱区绿洲玉米水分生产率影响因素分析——以临泽绿洲为例［J］. 安徽农业科学，2012，40（31）：15391-15394，15399.

［53］ 李晓玲，刘普海，成自勇. 不同灌溉方式下玉米节水增产效果试验研究［J］. 节水灌溉，2006（3）：7-9.

［54］ 巴特尔·巴克，郑大玮，宋秉彝，等. 渗灌节水技术及其经济效益浅析［J］. 节水灌溉，2005（2）：8-10.

［55］ 沈荣开，张瑜芳，黄冠华. 作物水分生产函数与农田非充分灌溉研究述评［J］. 水科学进展，1995（3）：248-254.

［56］ 崔远来，李远华，茆智. 考虑 ET_0 频率影响的作物水分生产函数模型［J］. 水利学报，1998（3）：48-51.

［57］ 荣丰涛，王仰仁. 山西省主要农作物水分生产函数中参数的试验研究［J］. 水利学报，1997（1）：78-82.

［58］ 王仰仁. 几种作物的水分敏感指数［J］. 灌溉排水，1989（4）.

［59］ H J Vaux，Jr，William O Pruitt. Crop-Water Production Function in Advance Irrigation，Academic Press，EX. By Danil Hillel，1983（2）：61-93.

［60］ Richard G Allen，Luis Perein，Dirk Raes Martin Smith. Guidelines for computing crop water requirements［M］. FAO Irrigation and Drainage，1998.

［61］ B. A. Stewart，et al. Conjunctive use of rainfall and irrigation in semiarid regions，Daniel Hill（Eds.），Advance in irrigation，1982，Academic Press，1-23.